［1］アルベルトゥス・マグヌス（1193 頃–1280 年）
トンマーゾ・ダ・モデナ画、1351 年
トレヴィーゾ、サン・ニコロ教会

REX
SALOMON

［2］神聖ローマ帝国の宝冠
10 世紀後半または 11 世紀前半
ウィーン、王宮宝物館
正面板（上図）には、サファイア、エメラルド、アメジスト、スピネル、真珠などが
配されているが、中央上部のハート型のサファイアの位置に、
かつて「オルファヌス」が輝いていたという（第Ⅱ部［70］参照）。

［3］シャルルマーニュの護符
8 世紀頃
ランス、大聖堂宝物館（トー宮殿）

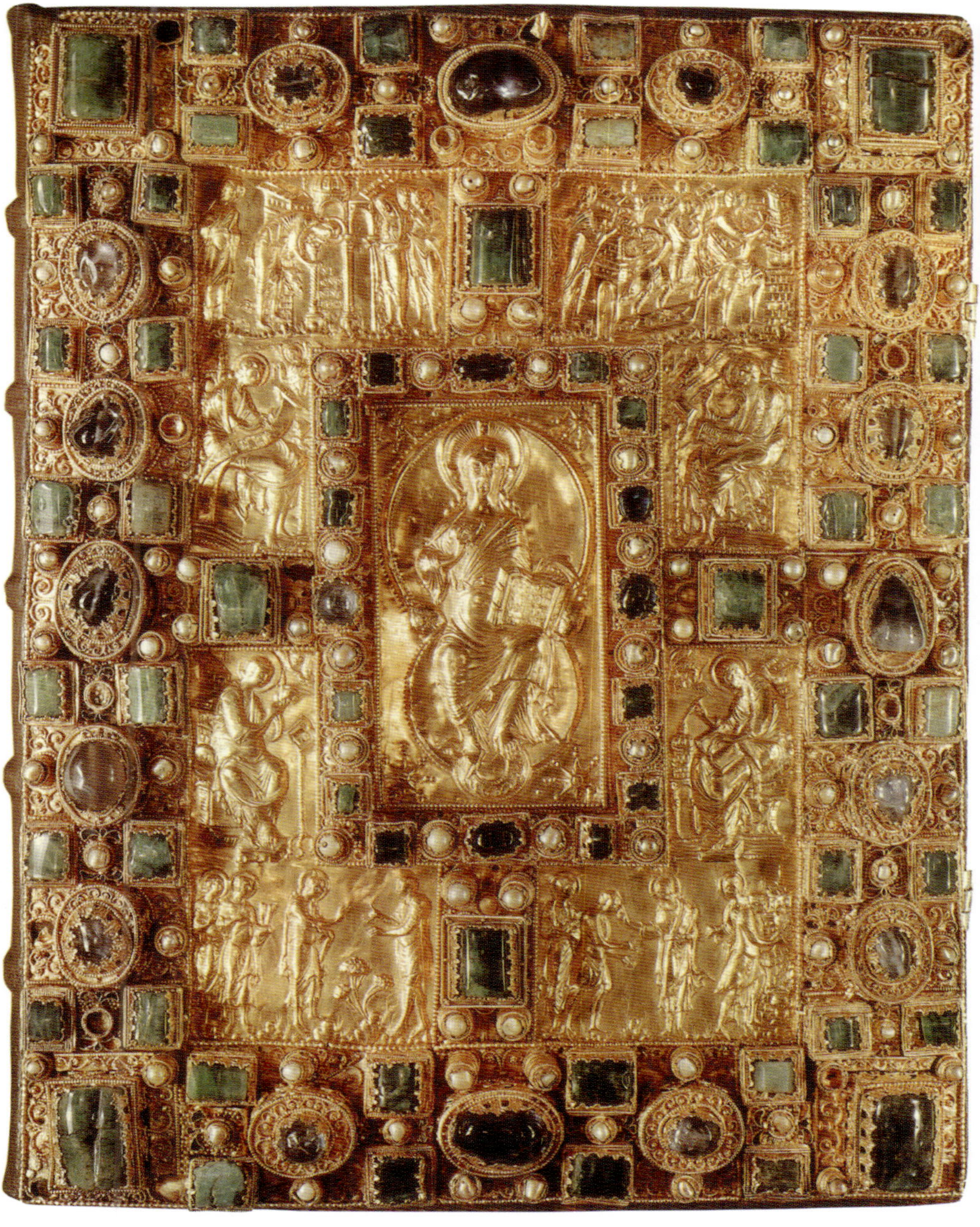

［4］《ザンクト・エンメラムの黄金聖書》装丁板
870年頃
ミュンヘン、バイエルン州立図書館

［5］プトレマイオス・カメオ
紀元前 278-269 年
ウィーン、美術史美術館
アルベルトゥス・マグヌスは『鉱物書』でこのカメオについて詳細に論じている。
第Ⅱ部 124 頁以下参照。

［6］ディオスコリデス『薬物誌』、アラビア語写本の一葉
1224 年
ワシントン、スミソニアン博物館フリーア美術館
上部に「ボルス・ルブラ」（赤い土）を採掘の様子が描かれている。
第 II 部［78］「ラマイ」の項参照。

［7］宝石について講じる修道士
バルトロマエウス・アングリクス『事物の性質について』
14 世紀末頃の写本、イエナ、チューリンゲン州立・大学図書館
バルトロマエウスは、アルベルトゥスと同時代に活躍したフランシスコ会修道士。

西欧中世宝石誌の世界――アルベルトゥス・マグヌス『鉱物書』を読む

西欧中世

宝石誌の世界

アルベルトゥス・マグヌス『鉱物書』を読む

大槻真一郎［著］

澤元 亙［編］

八坂書房

【カバー図版】
福音書装丁板（部分）、1020年頃
アーヘン、大聖堂宝物館

【扉図版】
『秘密の書』ラテン語版初期印刷本
タイトルページ
ライデン刊、無刊記（16世紀初頭か）

はじめに

これからアルベルトゥス・マグヌスの鉱物誌を読んでいきますが、第Ⅰ部と第Ⅱ部に分けました。第Ⅰ部では、アルベルトゥス（一三世紀）が直接書いたものではなく、誰かが主としてアルベルトゥスのものから題材をとって書き綴った民間流布本の鉱物四五種類、第Ⅱ部では、アルベルトゥス自身が直接書いた『鉱物書』、これらがそれぞれの主題となります。例によってまた、これまでと同様、博物誌研究者としては、基本資料はすべて直接原典に即した歴史ものを扱っていきたいと思います。日本では初めてのものばかりで、今回も処女地を行く新鮮な遍歴となりますが〔編者註：本書は一九九七年一月から翌年五月にかけての雑誌連載を再編したものである〕、どこまでも学問的探究のすがすがしい思いを込めて叙述していくつもりですので、みなさんも、長い歴史の戦火をくぐり抜けて力強く生きのびてきた貴重な史料とお考えいただき、それらにお付き合い願えればと、ひたすら祈りながら話をつづけてまいります。

西欧中世宝石誌の世界

目次

はじめに 5
目次 7

＊

まえがき …… 15

第I部　『アルベルトゥス・マグヌスの秘密の書』鉱物篇［全45種］…… 13

01 マグネス（マグネット、磁石）…… 25
02 オフタルムス（オパール）…… 26
03 オニュクス（縞メノウ）…… 27
04 ペリドニウス（ペリドット、橄欖石）…… 28
05 セレニテス（セレナイト）…… 31
06 トパゾス（トパーズ、黄玉）…… 32
07 メディウス …… 34
08 メンフィテス …… 36
09 アスベストス（アスベスト）…… 37
10 アダマス（ダイアモンド、鋼鉄など……の総称）…… 39
11 アカテス（メノウ）…… 42
12 アレクトリア（雄鶏石）…… 44
13 アマンディヌス …… 46
14 アメテュストゥス（アメジスト、紫水晶）…… 47
15 ベリュルス（ベリル、緑柱石）…… 49
16 ケロニテス（亀石）…… 50
17 コラルス（サンゴ）…… 51
18 クリュスタルス（クリスタル、水晶）…… 53
19 ヘリオトロピウム（血玉髄）…… 54
20 ヘファエスティテス（ヘファイストス石）…… 56
21 カルケドニウス（カルセドニー、玉髄）…… 58
22 ケリドニウス（燕石）…… 60
23 ガガトロニカ …… 62
24 ヒュアエニア（ハイエナ石）…… 63
25 スキストス …… 64
26 カブラテス（黒玉）…… 66
27 クリュソリトゥス（クリソライト、貴橄欖石）…… 67
28 ゲラキデム（ゲラキテス、ヒエラキテス、鷹石）…… 69

29 ニコマル（アラバスター、雪花石膏）……70
30 クィリティア……70
31 ラダイム……71
32 リパレア……72
33 ウィリテス（黄鉄鉱）……73
34 ラピス・ラズリ（瑠璃）……74
35 スマラグドゥス（エメラルド）……75
36 イリス（虹石、虹色水晶または透明石膏）……77
37 カラジア（雹石）……78
38 ガガテス（黒玉）……79
39 ドラコニテス（蛇石）……81
40 アエティテス（鷲石）……82
41 ヘファエスティテス（ヘファイストス石）……83
42 ヒュアキントゥス（ヒアシンス石）……85
43 オリテス……86
44 サピルス（サファイア）……87
45 サミウス……88

第II部　アルベルトゥス・マグヌスの『鉱物書』宝石篇［全96種］……91

まえがき――第I部から第II部へ……93

■Aで始まる石■
[01] アベストン（アスベスト）……101
[02] アダマス（ダイアモンド、鋼鉄など……の総称）……103
[03] アプシントゥス……106
[04] アガテス（メノウ）……107
[05] アラマンディナ（アラバンディナ）……110
[06] アレクテリウス（雄鶏石）……111
[07] アマンディヌス……113
[08] アメテュストゥス（アメジスト、紫水晶）……114
[09] アンドロマンタ……115

■Bで始まる石■
[10] バラギウス……117
[11] ボラクス（ガマ石）……119
[12] ベルリュス（ベリル、緑柱石）……122

■Cで始まる石■
[13] カルブンクルス（紅玉）……127

[14] カルケドニウス（カルセドニー、玉髄）……131
[15] カルカファノス……133
[16] ケラウルム（雷石）……134
[17] ケリドニウス（燕石）……137
[18] ケロンテス……139
[19] ケゴリテス……141
[20] コラルス（サンゴ）……141
[21] コルネレウス（カーネリアン、紅玉髄）……142
[22] クリュソパスス（クリュソプラスス、緑玉髄）……143
[23] クリュソリトゥス（クリソライト、貴橄欖石）……149
[24] クリュスタルス（クリスタル、水晶）……150
[25] クリュソリトゥス（?）……153
[26] クリュソパギオン……156
■Dで始まる石■
[27] ディアモン……158
[28] ディアコドス……160
[29] デュオニュシア（ディオニシア）……162
[30] ドラコニテス（蛇石）……163
■Eで始まる石■
[31] エキテス（鷲石）……166
[32] エリオトロピア（血石、血玉髄）……168
[33] エマティテス（ヘマタイト、赤鉄鉱）……171
[34] エピストリテス（ヘファイストス石）……173
[35] エティンドロス（含水石）……174
[36] エクサコリトゥス……175
[37] エクサコンタリトゥス（六〇色石）……176
■Fで始まる石■
[38] ファルコネス（鷹石）……178
[39] フィラクテリウム（魔除け石）……183
■Gで始まる石■
[40] ガガテス（黒玉）……184
[41] ガガトロニカ……186
[42] ゲロシア（雹石）……187
[43] ガラリキデス（乳石）……188
[44] ゲコリトゥス（ケゴリテス）……189
[45] ゲラキデム（ゲラキテス）……189
[46] グラナトゥス（ガーネット、ザクロ石）……190
■H・I・Jで始まる石■
[47] ヒエナ（ハイエナ石）……197
[48] ヒュアキントゥス（ヒアシンス石）……198
[49] イリス（虹石）……200
[50] イスクストス……202
[51] イアスピス（ジャスパー、碧玉）……203
■Kで始まる石■
[52] カカブレ……205
[53] カカマン……206

■Lで始まる石■
[54] リグリウス（大山猫石）……208
[55] リッパレス……210
■Mで始まる石■
[56] マグネス（マグネット、磁石）……211
[57] マグネシア……214
[58] マルカシータ……215
[59] マルガリータ（真珠）……216
[60] メディウス……218
[61] メロキテス（マラカイト、孔雀石）……219
[62] メンフィテス……219
■Nで始まる石■
[63] ニトルム……220
[64] ニコマル（アラバスター、雪花石膏）……222
[65] ヌサエ……223
■Oで始まる石■
[66] オニュクス（縞メノウ）……224
[67] オニュカ……226
[68] オフタルムス（オパール）……227
[69] オリステス……230
[70] オルファヌス……231
■Pで始まる石■
[71] パンテルス（豹石）……233
[72] ペラニテス……234
[73] ペリテ（ペリドニウス）……235
[74] プラッシウス（緑石英）……236
■Qで始まる石■
[75] クァンドロス……239
[76] クィリティア……240
■Rで始まる石■
[77] ラダイム……241
[78] ラマイ……242
■Sで始まる石■
[79] サフィルス（サファイア）……245
[80] サルコファグス……248
[81] サルダ（サグダ）……249
[82] サルディヌス（紅玉髄）……250
[83] サルドニュクス（紅縞メノウ）……251
[84] サルミウス（サミウス）……252
[85] シレニテス（セレナイト）……253
[86] スマラグドゥス（エメラルド、その他の緑石）……255
[87] スペクラリス……257
[88] スエティヌス（スッキヌス、コハク）……258
[89] シュルス……260
■Tで始まる石■
[90] トパシオン（トパーズ、黄玉）……261

[91] トゥルコイス（トルコ石）…… 263

■Vで始まる石■

[92] ウァラク…… 264
[93] ウェルニクス…… 265
[94] ウィリテス…… 266

■Zで始まる石■

[95] ゼメク…… 267
[96] ジグリテス…… 268

＊

■「プトレマイオス・カメオ」の解説
（自然のパワーについて）…… 124

■エネルギー精気について…… 192

おわりに…… 270

＊

編者あとがき 271

索引 i
欧文索引（鉱物名） x
項目一覧（和文・欧文） xiv

第I部

『アルベルトゥス・マグヌスの秘密の書』鉱物篇［全45種］

The Book of Secrets of Albertus Magnus
of the Virtues of Herbs, Stones and certain Beasts, ...

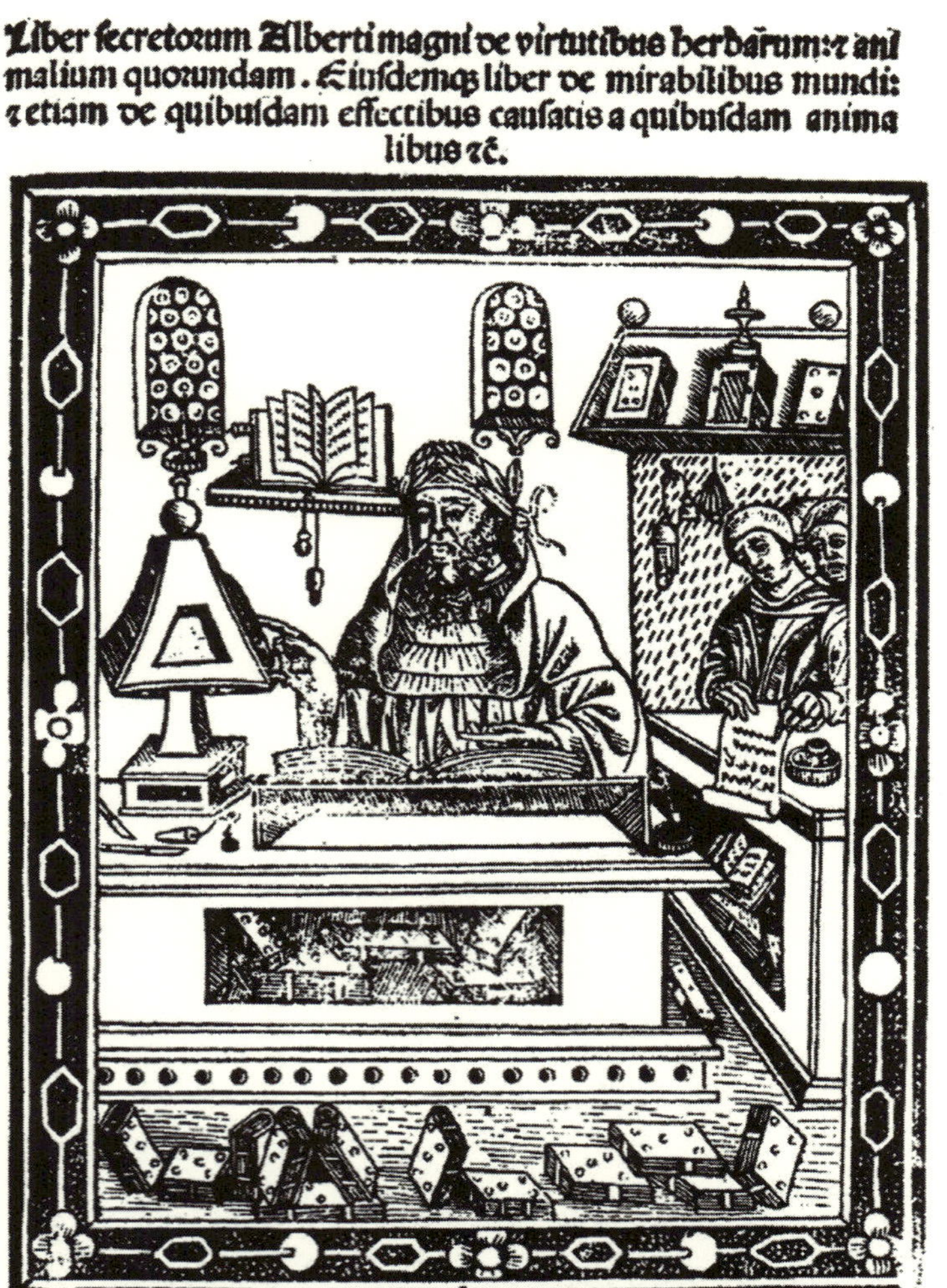

『秘密の書』ラテン語版初期印刷本（1502年、ヴェネツィア刊）
タイトルページ

アルベルトゥス・マグヌスが講義をし、右の学生たちがノートをとっている。
『秘密の書』は、こういうかつての学生の手になったものかもしれない。

まえがき

さて、今私どもの手元にあるオクスフォード版（"The Book of Secrets of Albertus Magnus of the Virtues of Herbs, Stones and certain Beasts, also A Book of the Marvels of the World, edited by Michael R. Best and Frank H. Brightman, Oxford University Press, 1973"）は、一三世紀末に出たラテン語流布本の英訳で、現在では最もポピュラーなものとなっております。一五世紀中葉の印刷術発明後、ラテン語本は主だったヨーロッパ各国語に翻訳されていきました。最初の英訳本が出たのは、一五五〇年ごろ、その後は時代の波に乗って九〇年以上にわたり、何度となく版を重ねました。この流れを汲む現代版ともいうべきものが、一九七三年印刷、七四年発行のこのオクスフォード版（初版）であります。しかしこの本には、多くの歴史的・校訂的注釈が付き、現代的な感覚の解説もしてあります。解説は、あるところはやや詳しく、あるところはごく概説的になっており、第Ⅱ部において実際のアルベルトゥス・マグヌスの原テキストと、よく比較検討してみる必要があるでしょう。

ところで現代の、ともすれば白けすぎる傾向のある機械的科学技術横行の世にあって、残念ながら、非常に豊富なはずの人間心性の大半が、合理的科学技術思想の表層的な見解により浅薄化する傾向が依然根強くなっています。しかし他方で、これからの時代は科学思想・哲学・宗教の共通した深い根

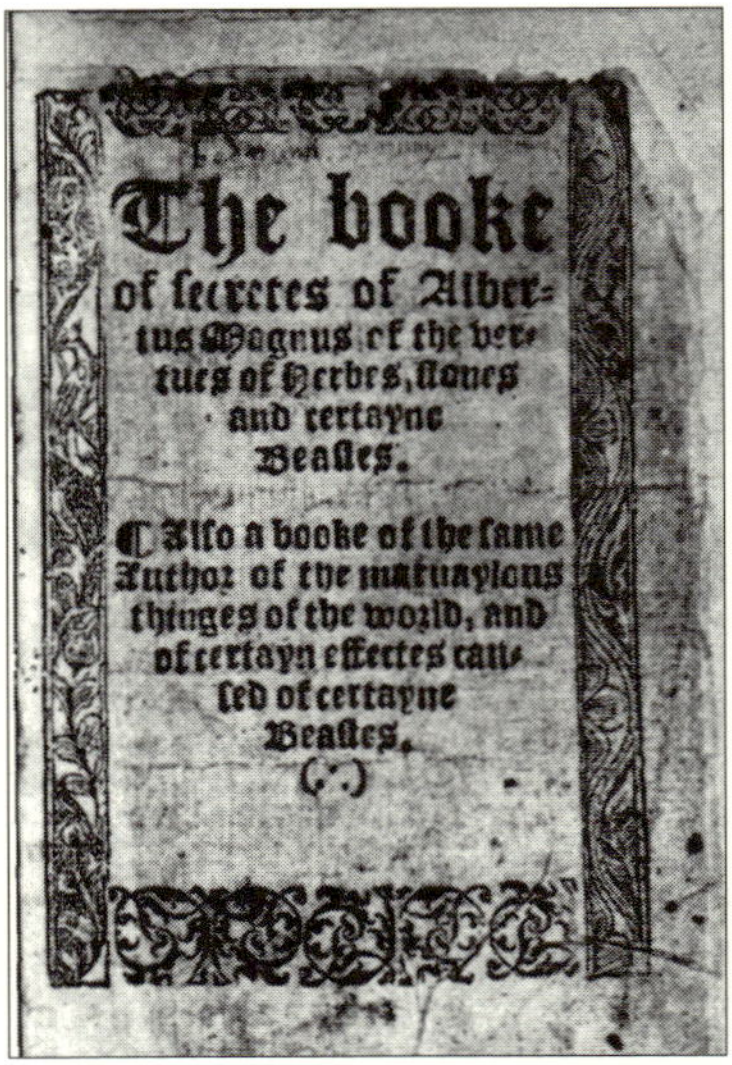
The booke
of secretes of Albertus Magnus of the vertues of Herbes, stones
and certayne
Beastes.

¶ Also a booke of the same
Author of the maruaylous
thinges of the world, and
of certayn effectes caused of certayne
Beastes.
(∴)

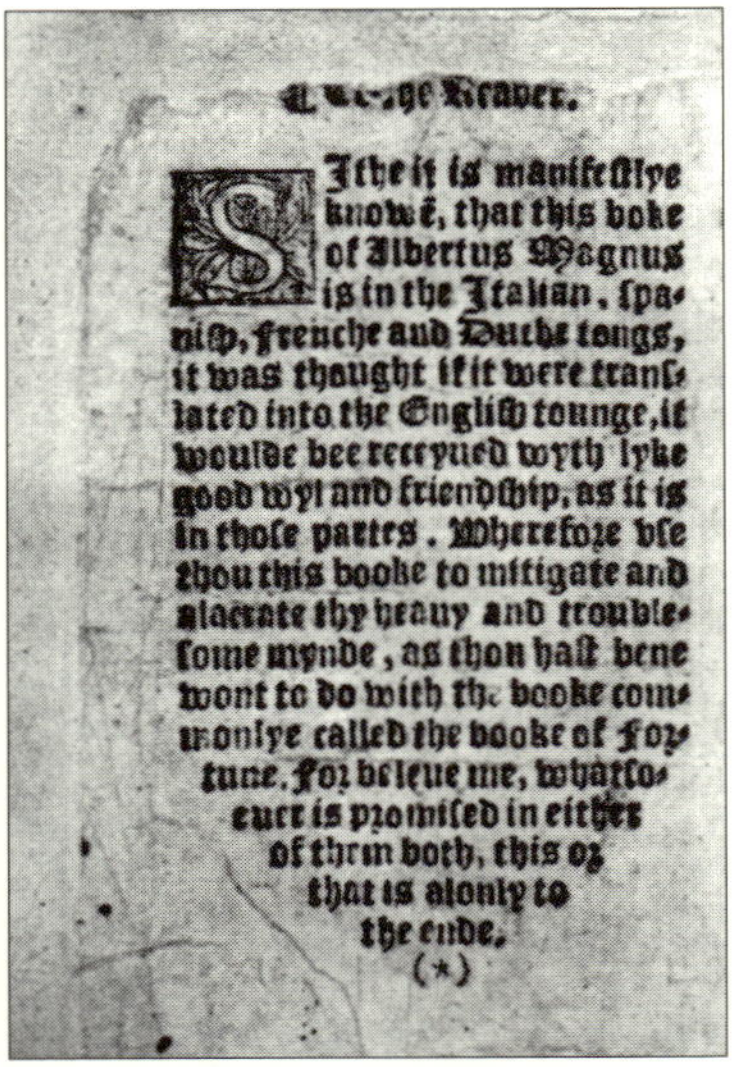
¶ To the Reader.

Sithe it is manifestlye knowē, that this boke of Albertus Magnus is in the Italian, spanish, frenche and Duche tongs, it was thought if it were translated into the English tounge, it woulde bee receyued wyth lyke good wyl and friendship, as it is in those partes. Wherefore vse thou this booke to mitigate and alacrate thy heauy and troublesome mynde, as thou hast bene wont to do with the booke commonlye called the booke of Fortune. For beleue me, whatsoeuer is promised in either of them both, this or that is alonly to the ende.
(*)

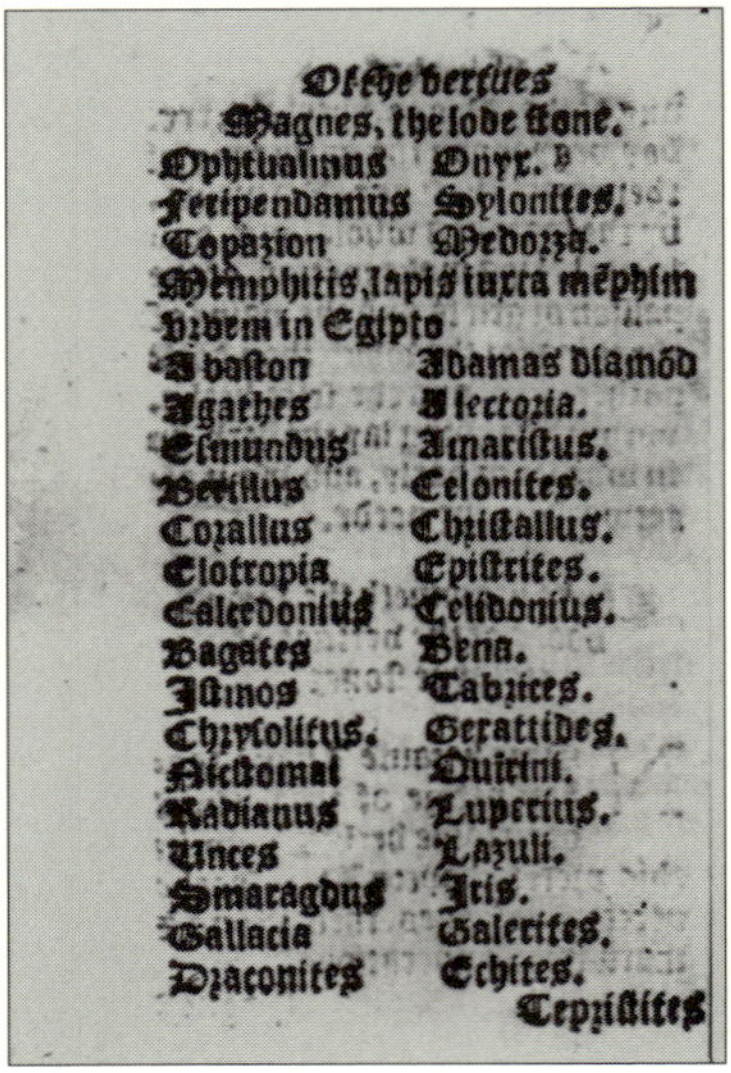
Of the vertues
Magnes, the lode stone.
Ophtualmus Onyx.
Feripendamus Sylonites.
Topazion Medozza.
Memphitis, lapis iuxta mēphim
vrbem in Egipto
Abeston Adamas diamōd
Agathes Alectoria.
Esmundus Amaristus.
Berillus Celonites.
Corallus Christallus.
Eliotropia Epistrites.
Calcedonius Celidonius.
Bagates Bena.
Istinos Tabrices.
Chrysolitus. Gerattides.
Nicomal Quirini.
Radianus Luperius.
Vnces Lazuli.
Smaragdus Iris.
Gallacia Galerites.
Draconites Echites.
Tepristites

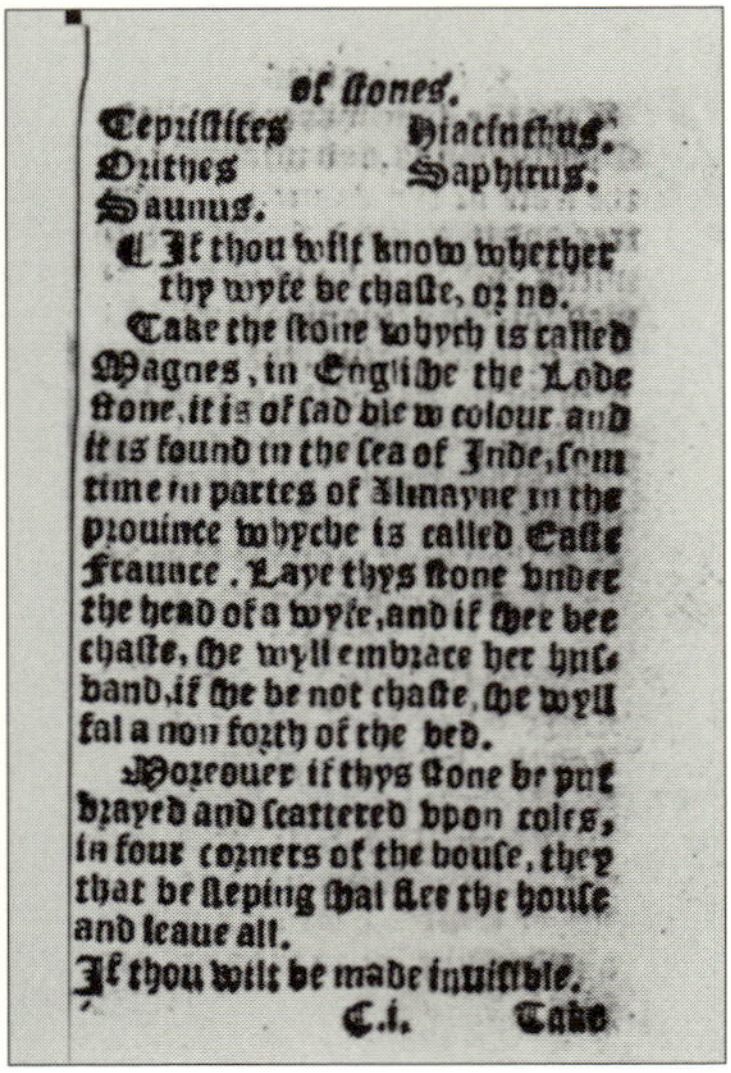
of stones.
Tepristites Hiacinthus.
Orithes Saphirus.
Saunus.
¶ If thou wilt know whether thy wyfe be chaste, or no.
Take the stone whych is called Magnes, in Englishe the Lode stone, it is of sad blew colour and it is found in the sea of Inde, somtime in partes of Almayne in the prouince whyche is called East Fraunce. Laye thys stone vnder the head of a wyfe, and if shee bee chaste, she wyll embrace her husband, if she be not chaste, she wyll fal anon forth of the bed.
Moreouer if thys stone be put brayed and scattered vpon coles, in four corners of the house, they that be sleping shal flee the house and leaue all.
If thou wilt be made inuisible.
C.i. Take

『秘密の書』英訳版初期印刷本（1560年、ロンドン刊）
上段はタイトルページと本文冒頭、
下段は全5篇構成の第2部にあたる「鉱物篇」の冒頭
（扱う鉱物45種の名が列挙されている）。

源に立ちかえる機運があり、幸いなことに、自由なゆらぎの伸びやかな発想が、まさに不死鳥のように若々しく新しい翼を拡げようともしております。

今ここで取りあげる流布本『秘密の書』が、一五世紀以降はとくに、多くの有識者たちから手厳しく、忌《い》まわしい虚構の荒唐的産物として退《しりぞ》けられながら、それでも民間に根強く今日《こんにち》まで生きのびてこられたのは、この書の底に息《いき》づく人間の原初的な心性のおかげであると思われます。が、それはともあれ、私どもの『秘密の書』は、一部の植物・鉱物・動物ばかりか、当時の天体（とくに七惑星）や驚くべきもののいくつかを、主としてアルベルトゥスの著作から取りあげながら、それらのもつ秘密のパワーを、それぞれについてごく簡単に叙述していきます。合理的科学にとってはまことに荒唐無稽に思われるとはいえ、その取りあげ方が流布本特有の軽快な興味をそそる語り口になっています。

ここでちょっといわゆる万有なるものに通じていたという普遍博士アルベルトゥス・マグヌスの全著作のことに触れておきたいと思います。現代は誰にも手ごろに読めるはずのダンネマン『大自然科学史』（安田徳太郎訳、一九七八年版、三省堂）の当該箇所（別巻一を含む全一二巻中の第三巻「アルベルトゥス・マグヌス」の項）からの一節を次に引用させていただきます。

アルベルトゥス・マグヌスは非常に手広い文筆活動を示した。彼の全集はもちろん不完全な版ではあるが、ヤンミーによって編集された。それは一六五一年にフォリオ版の二一巻本であらわれた。その第二、第五、第六巻は自然科学的著述を含む。第二巻はアリストテレスの自然学の説明のほかに、天文学の概要と、鉱物学についての五巻書がおさめられている。アルベルトゥスが銀河を小さな星の集積と考えたこと、また彗星《すいせい》の出現は個々の人間の運命に関係するはずがないという彼の意見は、注目に値する。第五巻は地理学に関するものと、植物についての七巻書をのせている。対蹠人（地球のそれぞれあい反対側に立っている人）について、私たちのほうに足を向けている人々は落下しなければならないはずだというような説をなすのは、浅薄な無学者にかぎると言っているのは、特記されるべきことである。最後に、全集第六巻は動物についての二六巻書をふくんでいる。

いま私が用いている別なる全集（一八九〇年、パリ）は第Ⅱ部の「まえがき——第Ⅰ部から第Ⅱ部へ」でちょっとは紹介したしますが、より完全なものを求めて、さらにその新しい全集・数十巻の刊行が現在なおも進められています。私自身もかつて専任校の研究室で購入し始めたものがその最新版全集であり、最終巻が完成するまでには何十年とかかり、私の定年退職後もまだ、さらに遅れて二一世紀初頭、いやそれ以上かかるやも知れぬとまで、きいております（全集は二〇一八年の時点でも刊行中、第Ⅱ部で紹介する『鉱物書』全五巻の原典校訂本も未刊）。とにもかくにも、科学、いや超科学にまでも進歩してきた現代といえども、水ひとつ、石ひとつ、植物・動物ひとつ取ってみても、その表層的な現象のメカニズムだけは以前にくらべ比較にならないほど精緻に解明されてきたとはいえ、それぞれの生きた実体的本質とそれぞれの共鳴・共存の真の意味内容は依然、神秘のまた神秘なままに隠されているのが現状であります。私どもは、かえって目先の画期的（!?）人間技術と自称するものに眩惑され、いい気になりがちなだけで、かえって本末転倒を繰り返しており、まことに真相究明の事態はさらにそ

◀『アルベルトゥス・マグヌス全集』21 巻本（1651 年、リヨン刊）
『鉱物書』を収める第 2 巻のタイトルページ
第Ⅱ部の底本となった 1890 年刊の全集については、92, 99 頁を参照。

BEATI ALBERTI MAGNI,

RATISBONENSIS EPISCOPI, ORDINIS PRÆDICATORVM,

Physicorum Lib. VIII.
De Cælo & Mundo Lib. IV.
De Generatione & Corruptione Lib. II.
De Meteoris Lib. IV.
De Mineralibus Lib. V.

Recogniti per R. A. P. F. PETRVM IAMMY, sacræ Theologiæ Doctorem, Conuentus Gratianopolitani, eiusdem Ordinis,

NVNC PRIMVM IN LVCEM PRODEVNT.

Operum Tomus Secundus.

LVGDVNI,
Sumptibus CLAVDII PROST. PETRI & CLAVDII RIGAVD, Frat. HIERONYMI DELAGARDE. IOAN. ANT. HVGVETAN. *Via Mercatoria.*

M. DC. LI.

れだけ悪くなっているとも言えるでしょう。
しかし、まえおきはもうここらで是非とも打ち切りにしたいとは思ったのですが、アルベルトゥス・マグヌスの自然解明・解釈が当時として並はずれ、また彼のドミニコ会修道僧の真摯な信仰の深さにも裏打ちされているため、一般の人々にはおそらく、まことに彼は大魔術師的なキリスト教信者として畏敬の念をもたれたのでしょう。そこで、この誇大化された人物像を、私どもはジョヴィウス〔パオロ・ジョヴィオ、一四八三〜一五五二〕の『著名人伝』から少しだけでも、次にかいま見ておかねばならぬと思います――。

大アルベルトゥスは一二〇六年ごろ生まれ、七四歳で死んだ。彼は、魔法使いであり、哲学にすぐれ、最も偉大な神学者であったといわれている。彼はドミニコ会の一員であり、錬金術・哲学において聖トマス・アクィナスのよき導師であった。さらにレーゲンスブルク教会の司教も勤め、一六二二年に列福にあずかっている。アルベルトゥスはアリストテレス学派の哲学者で、占星術をよくし、かつ医学・医術に通じた学者であった。若いころ、彼はそれほど卓越した知性の持ち主とはみなされていなかった。ところが、誠心誠意の礼拝と献身のおかげで、幻視のなかに聖母マリアが現われ、彼女から並はずれた哲学的・知的能力を授けられたという。魔法の大家となって以後、彼は自動人形をつくり始め、その人形に話し、思考する能力を与えた。この人造人間というべきものは、金属とそれぞれの惑星に応じて選んだ得体の知れない物質からできており、魔法の儀式と召喚《かん》によって霊性が授けられた。それをつくるのに三〇年以上かかったといわれてい

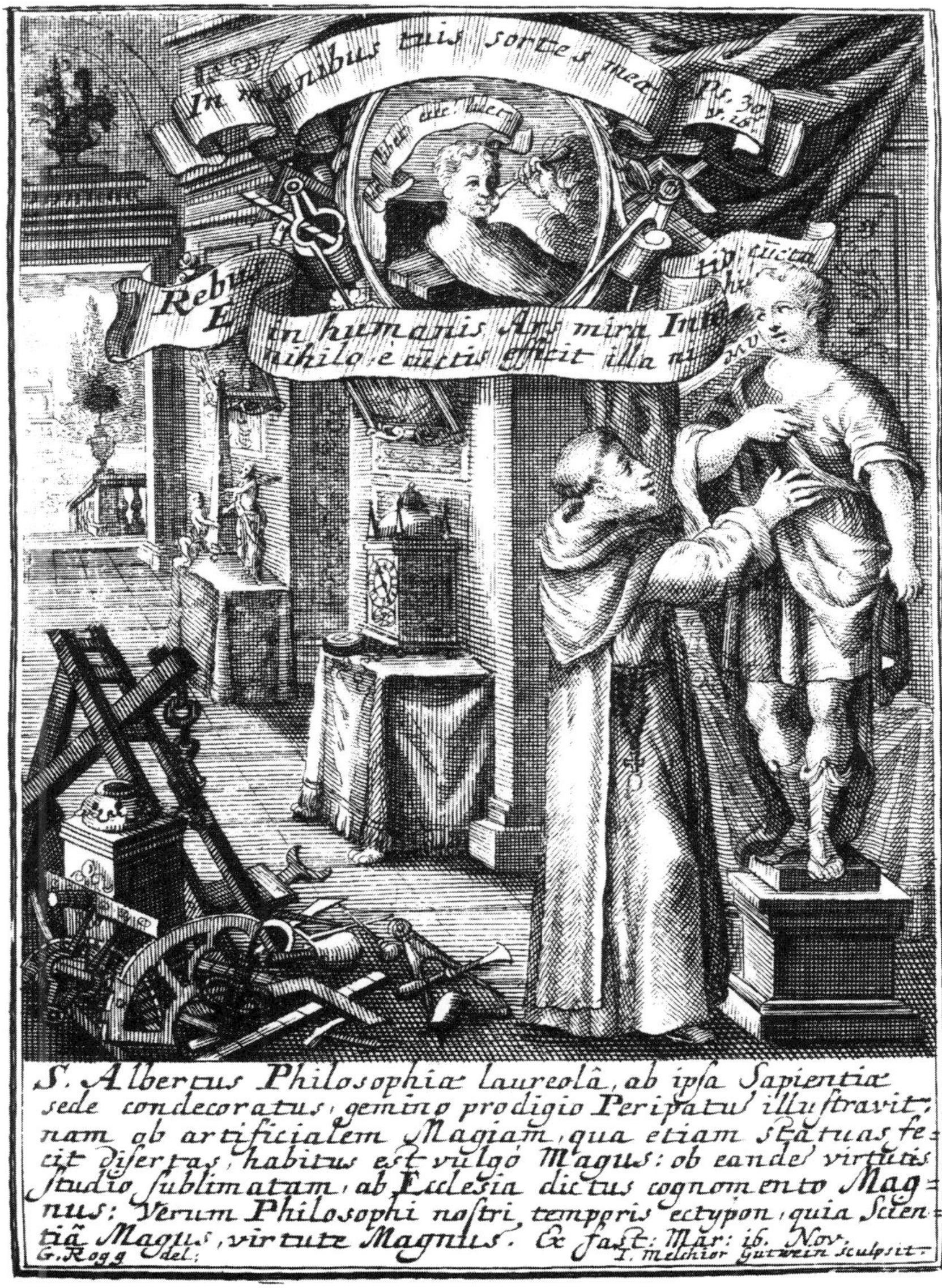

自動人形を完成させるアルベルトゥス・マグヌス
J. M. グートヴァインによる銅版画
1730–40 年頃

SYMBOLA AVREÆ MENSÆ DVODECIM NATIONVM.

HOC EST,

HERMÆA SEV MERCVRII FESTA ab Heroibus duodenis selectis, artis Chymicæ usu, sapientia & authoritate PARIBVS *celebrata, ad Pyrgopolynicen seu Aduersarium illum tot annis iactabundum, virgini*

CHEMIÆ

Iniuriam argumentis tam vitiosis, quàm conuitiis arguțis inferentem, confundendum & exarmandum, Artifices verò optimè de ea meritos suo honori & famæ restituendum,

Vbi & artis continuatio & veritas inuicta 36. rationibus, & experientia librisque authorum plus quam trecentis demonstratur,

Opus, vt Chemiæ, sic omnibus aliis Antiquitatis & rerum scitu dignissimarum percupidis, vtilissimum, 12. libris explicatum & traditum, figuris cupro incisis passim adiectis,

AVTHORE
MICHAELE MAIERO COMITE Imperialis Consistorii, Nobili, Exempto, Med. Doct. P. C. olim Aulico Cæs.

FRANCOFVRTI
Typis Antonij Hummij, impensis Lucæ Iennis. M. DC. XVII.

る。聖トマス・アクィナスは、その装置を悪魔的な機械だとして壊してしまった。こうして生涯をかけた仕事は失敗に終わったが、このような行ないにもかかわらず、アルベルトゥス・マグヌスは、聖トマス・アクィナスに錬金術の処方を授けた。伝えるところによれば、哲学者の石の奥義をも伝授したという。／あるとき、冬のさなかに、アルベルトゥス・マグヌスはオランダの伯爵でありローマ王であるウィリアム二世〔一二二七〜五六〕を園遊会に招待した。地面は雪で覆われていたが、アルベルトゥスはケルンの修道院の庭に豪華な宴会を準備した。客はこの哲学者の無分別に驚いたが、彼らが席について食事をするさい、アルベルトゥスは二言《ふたこと》三言《みこと》述べると、雪は消え、庭は花やさえずる鳥でいっぱいになり、空気は暖かく、夏のそよ風が吹いた。饗宴が終わるとまた雪が降り始め、列席していた貴族を大変驚かせたという。

（『象徴哲学体系Ⅳ・錬金術』人文書院版、一三頁参照）

「まえがき」はこれぐらいにして、第Ⅰ部の主題である『秘密の書』鉱物篇（オクスフォード英訳版）の紹介に移ることにしましょう。

ミヒャエル・マイアー『黄金の卓の象徴』▶
（1617年、フランクフルト刊）
タイトルページ

錬金術に欠かせぬ知の先達12名のひとりとして
右下にアルベルトゥス・マグヌスの姿がみえる。

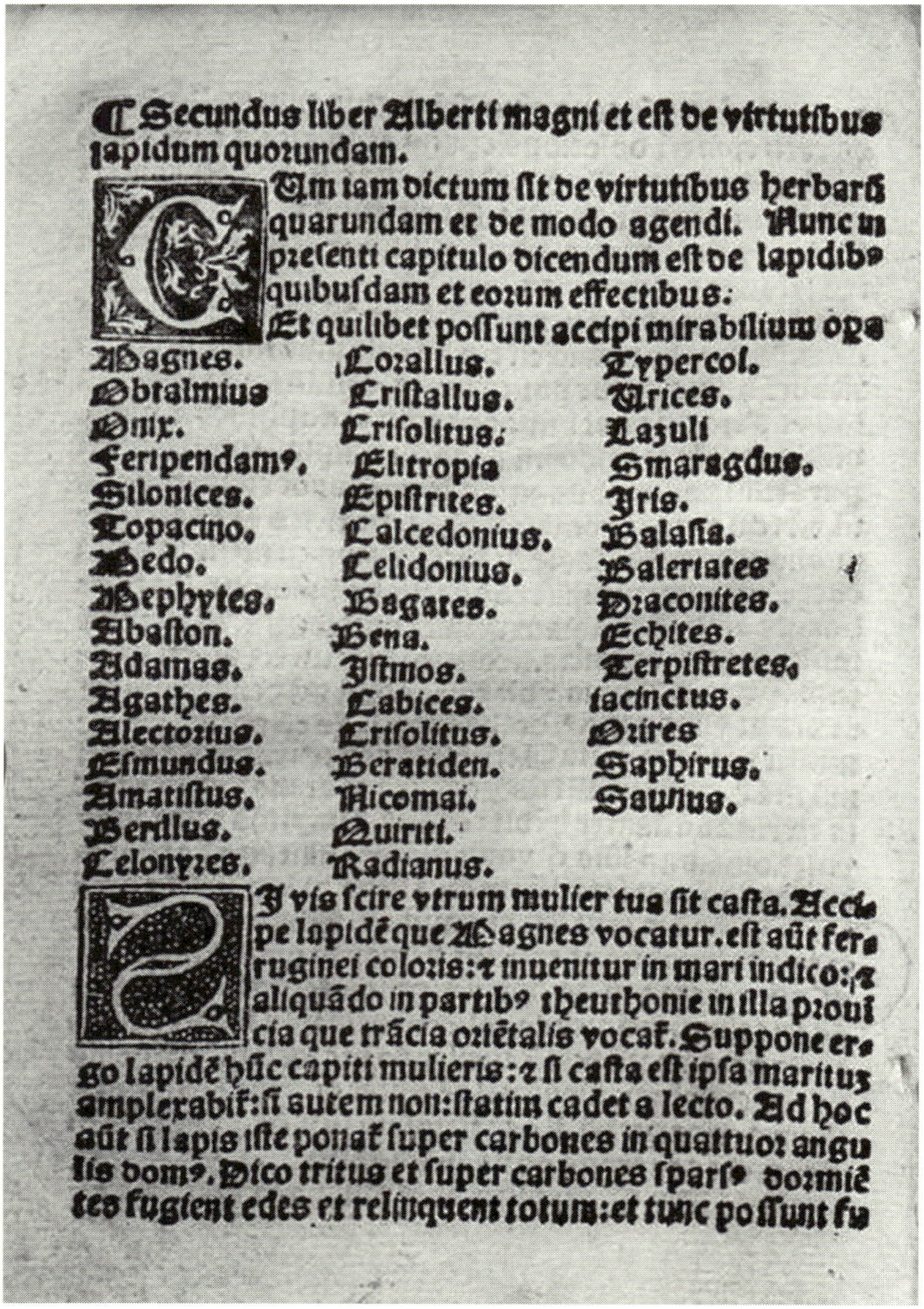
Secundus liber Alberti magni et est de virtutibus lapidum quorundam.
Cum iam dictum sit de virtutibus herbarū quarundam et de modo agendi. Nunc in presenti capitulo dicendum est de lapidib9 quibusdam et eorum effectibus:
Et quilibet possunt accipi mirabilium opa

Magnes. Obtalmius Onix. Feripendam9. Silonices. Topacino. Medo. Mephytes. Abeston. Adamas. Agathes. Alectorius. Esmundus. Amatistus. Berilus. Celonytes.
Corallus. Cristallus. Crisolitus. Elitropia Epistrites. Calcedonius. Celidonius. Gagates. Gena. Istmos. Labices. Crisolitus. Geratiden. Nicomai. Quiriti. Radianus.
Typercol. Urices. Lazuli Smaragdus. Iris. Balasia. Valeriates Draconites. Echites. Terpistretes. Iacinctus. Orites Saphirus. Saurius.

Si vis scire utrum mulier tua sit casta. Accipe lapidē que Magnes vocatur. est aūt ferruginei coloris: et invenitur in mari indico: et aliquādo in partib9 theuthonie in illa provincia que trācia oriētalis vocat. Suppone ergo lapidē hūc capiti mulieris: et si casta est ipsa maritum amplexabit: si autem non: statim cadet a lecto. Ad hoc aūt si lapis iste ponat super carbones in quattuor angulis dom9. Dico tritus et super carbones spars9 dormiētes fugient edes et relinquent totum: et tunc possunt fu

『秘密の書』ラテン語版初期印刷本（1510年頃）
鉱物篇冒頭
バイエルン州立図書館蔵本
「マグネス」以下、
本篇で扱われる45の鉱物の名が列挙されている。

01

マグネス（マグネット、磁石）▼II-[56]

MAGNES

もしあなたの妻が貞節であるか、そうでないかを知りたいと思うなら、――Magnes《マーグネース》と呼ばれ、英語ではLoadstone《ロウドストウン》（天然磁石）と呼ばれる石を取るがよい。これは、くすんだ青色をしていて、インドの海の中、ときにはドイツの地域とか東フランスと呼ばれる地方で見つかる。そこでこの石を妻の頭の下に置く。彼女が貞節であれば、彼女は夫に抱きついてくるし、貞節でないなら、すぐにベッドから落っこちるであろう。さらに、この石をすり潰《つぶ》して、家の四隅に置いた石炭の上にばらまくならば、眠っている家人たちは、すべてを残して逃げ去るであろう（そこで泥棒はまんまと家財を盗みとることであろう）。

マグネス（マグネット）とは磁鉄鉱（Fe_3O_4「磁鉄鉱の酸化物」）。これと鉄との交合・交接のことを、あの近代物理学者の医師のウィリアム・ギルバートは、まさに以上の夫婦の抱《いだ》き合《あ》いに呼応してcoitus《コイトゥス》（男女の性的交合）と呼びました（一六〇〇年）。マグネットのことは別著の『アラビアの鉱物書』（コスモスライブラリー、二〇一八年刊）でも触れたとおり、引き合うこと、いわゆる愛の魔力のシンボルとして、いわばそのお守り、護符のように考えられる側面をもっておりました。さて、石炭云々の箇所は、マグネシア産の瀝青（アスファルト。マグネシアという名をつけた町は割合多かったと思われる）をその色の類似もあってマグネスと呼んでいたと考えられます。その他の説明は第Ⅱ部［56］を参照。

02 オフタルムス（オパール）

▼II-[68]

OPHTHALMUS

もしあなたの姿が人の目から見えないようにされたいと思うなら、――Ophthalmus《オフタルムス》と呼ばれる石を取り、それを月桂樹の葉に包むとよい。その石はLapis obtalmicus《ラピス オプタルミクス》（オプタルミクス石。Obtalmicusは Ophthalmicusの中世ラテン語訛《なま》りの一つ）とも呼ばれる。色はこれといって特定しては呼ばれない。というのも、多くの色合いに見えるからである。が、とにかく、この石には大変なパワーがあるので、そのまわりに立った人たちの目をくらますほどである。その手にこの石を持っていたコンスタンティヌス（一一世紀の有名な学者Constantinus Africanusのことであろう）は、事実それによって彼の姿が人に見えなくなった。

紀元一世紀・古代ローマの博物誌家プリニウス記載のopalus《オパルス》（←ギリシア語opallios《オパリオス》「オパール」←古代インド・サンスクリット語upalas《ウパラス》「宝石」）にも、興味ある記述が散見されます――オパールは、その順位をスマラグドゥス（エメラルド）には譲るものの、最も高貴な宝石のすばらしい数々の性質を合わせもっている。インドがこの石の唯一の原産地である。他の石のいずれにも増してすぐれたその光は、妙《たえ》なる紅玉の火とか紫水晶の紫の閃光とかスマラグドゥスの深い海の緑色が、混然一体となって、信じられないほどの光芒《こうぼう》を放っている――とあります。また、その当時の価格としては、この石の指輪が二〇〇万セステルティウスもするのにもまして、その石の妖《あや》しいまでの美しさに魅せられていたローマのある高官が追放されたときの様子も、興味深く皮肉たっぷりに描写されていることが目にひきます。

ところで、ギリシア語やラテン語の opallios が ophthalmus（←ギリシア語 ophthalmos《オフタルモス》「眼」）という言葉に転化していった経緯は、今もってまことにはっきりとはいたしません。が、とにかく「目にまぶしいほどの色合い」に関連したものにちがいないと思います。

03 オニュクス（縞メノウ） ONYX

▼II-[66]

もしあなたが、相手に悲しみや恐怖、恐ろしい幻影、それに論争を引きおこそうと思うなら――onyx《オニュクス》と呼ばれている石を取るとよい。これは黒色《くろいろ》で、白い帯が多くはいっている種類のものがいちばんよい。オニュクスは、インドからアラビアにはいってきた石である。この石を首にかけるとか指にはめるとかすると、相手の人にただちに悲しさや重苦しさや恐怖、それにまた闘争心をかき立てる。そして、このことは最近の人々によって検証された。

オニュクスのもつ以上のようなパワーの叙述は、古代ギリシア・ローマの石の文献には決して見られないところで、おそらくは古代ペルシア伝来の魔術的伝承が、アラビア経由で（鉱物書その他を介して）中世ヨーロッパのキリスト教世界に伝えられたものと思います。現に、ほとんどそのままのオニュクス効能の記述が、さきのアラビア鉱物書とか、マルボドゥス宝石療法賛歌〔別著『中世宝石賛歌と錬金術』（コスモスライブラリー、二〇一七年刊）を参照〕やアルベルトゥス鉱物論〔本書第Ⅱ部で扱う『鉱物書』のこと〕などに見られるからです。

ところでオニュクスは、黒や白の色が対照的に層をなして現れる玉髄（英語 chalcedony《カルセドニ》で、組成は SiO_2）で、カメオ（浮彫を施したメノウなどの装身具）用の堅い石で、柔らかいものが $CaCO_3$ を成分にした不純な石灰石（帯状の石灰華）、つまりオニュクス大理石であります。

04 ペリドニウス（ペリドット、橄欖石《かんらん》）

PERIDONIUS

もしもあなたが誰かを、火を用いないで手に火傷《やけど》をおわせようとするならば、Peridonius《ペリドニウス》（英語は

peridot《ペリドト》）と呼ばれる石を取るとよい。それは黄《き》の色合いをしている。誰かの首にかけると、この石はその人の気管支炎を治す。しかし、この石をぎゅっと強く握ると、すぐに手に火傷する。だから、この石にはそっと軽く触《さわ》らないといけない。

Peridonius なり pedidot の語源を古代ギリシア語などに求めることはできず（せいぜい古フランス語）、いわばそのもともとの起源は未詳。

さて例によって、この石の種類を紀元一世紀のプリニウスの『博物誌』第三七巻・一〇七～八節に求めると、驚いたことに何とまあ、これはトパーズ（ラテン語表示は topazon《トパゾン》, topazum《トパズム》, topazus《トパズス》, topazion《トパジオン》, etc.）と出ているではありませんか。しかし、まだ特別な人気をその当時なお保っていたというこの石の色とは、プリニウスによると緑がかった独特の種類であり、その石の名も紅海にある島の名（Topazos《トパソス》）にちなんでいるというのです。しかし、千数百年もあとのわれわれの『秘密の書』には、プリニウスのトパーズに相当するのは黄色のペリドニウスなのです。しかも、古代ギリシア・ローマの言葉を踏襲するはずの英語 topaz《トウパズ》（黄玉）は、かえって黄色のペリドニウス（peridonius→古フランス語 peritot《ペリト》→英語 peridot）と色合いが全く似ていることになります。

そこで私は、鉱物同定に関して、現代の信頼のおける近山晶『宝石』（一九七七年〈第七刷〉版、同友館）の当該箇所をご覧いただきながら話を進めるのが一番よいのではないかと思いました——。

まずはペリドットから——「魅力ある黄緑色の宝石であるペリドットは、鉱物的にはオリィビン、すなわち、かんらん石に属するもので、古くはクリソライトといい、この石のオリーブ緑色のみを、かつてはペリドットといっていたようである。イギリスではこれをオリィビンと呼び、アメリカ、ドイツでは、おもにクリソライトの名称が用いられていた。しかし、オリィビンの名称が各種の石に用いられ、またクリソライトは緑色透明石の古語のために、やはり種々の石に用いられて明確さを欠くので、混乱を避けるために、いずれの名称も用いることは好ましくないとの意見のもとに用語統一がなされ、宝石名としてはペリドットの名称が用いられることになった。……われわれが現在ペリドットと呼ぶ石は、古くはトパーズの名のもとに知られていた。……」。

　次はやはりトパーズについても少し――「トパーズ（Topaz）は古くから知られている透明な宝石であるが、二つの大きな誤解が根強く残っている。その一つは、「すべての黄色の石はトパーズである」、もう一つは、「トパーズは黄色の石である」ということである。云々」。とにかく黄色といっても、その種類は多く、水晶も、紫水晶も加熱すると黄変しますし、それにもともと黄水晶があり、さらにトパーズそのものの色も、特有な黄色のほかに、無色・淡緑・青・ピンク・赤など、さまざまな色があるというわけです。

　以上のことをしっかり念頭においたうえで、しかし、『秘密の書』オクスフォード版の次の註によく注目しておく必要があります。つまり、ペリドニウス（ペリドット）はオリィビン（英語の olivine《オリヴィーン》← olive「オリーブ、オリーブ色」、$2(Mg, Fe)O.SiO_2$）のダーク・グリーン結晶形（a dark green form）ですが、しかし、記載されている石の性質はまさに黄色の pyrites《ピュリーテース》（黄鉄鉱石）を表わすもの、現に風化したこの石はかなり多くの硫酸（sulphuric acid）を発し、それが手に炎症をおこさせるのではないか、という指摘があるのを見逃すわけにはまいりません。

05 セレニテス（セレナイト） ▼I-16／II-[18][85]

SELENITES

もしもあなたが、誰かの心を喜びに燃え立たせるとか、彼の頭を鋭く機知に富んだものにしたいと思うなら――セレニテスと呼ばれる石を取るがよい。それは亀と呼ばれるインドの蝸牛《かたつむり》の胸部に生じる。この石には、白や赤や紫の色とりどりの種類がある。それが緑色でペルシア地方に見出されるものがある、と言う人たちがいる。また古代の哲学者たちは次のように言っている――それが口になめられる場合は、これからおこるであろういくつかの事柄を予知できるようになる――のだと。また、舌の下に置かれることが、とくにひと月の第一日目であるならば、その石は一時間だけのパワーを出してくれる。それゆえ、月の第一〇番目の日であるなら、それは第一か第一〇番目の日の一時間、このパワーをもつことになる。予知方法の次第は以下に示すとおりである――つまり、その石が舌の下に置かれる場合、われわれの考えることが何かビジネスに関することで、そうすべきかすべからざるかにあるとき、そうすべきであるなら、さっと引ったくり去られることのないような確固とした気持ちが強まってくるし、そうすべきでないときは、心がその思いからさっとあとずさり跳び去っていこうとする、というサインが出るのである。さてまた、哲学者たちは、この石が肺の病に悩んでいる人や虚弱な人を治す力がある、と言っている。

セレニテス（Selenites←ギリシア語 selēnē《セレーネー》「月」）は透明な石膏（$CaSO_4$）ですが、上記の記載を見ると、その性質は、どうもプリニウスが「インドの亀の眼から取り出したもの」と記述した chelonites《ケローニテース》（亀石←ギリシア語 chelōnē《ケローネー》「亀」）に関係します（⑯ケロニテス参照）。文意にはっきりしないものがいろいろありますが、この類《たぐ》いは『秘密の書』にはちょくちょくあるもので、第Ⅱ部のアルベルトゥスの自作著書『鉱物書』でややより詳しく取りあげていくつもりです。それにしても、こういう予言・予知的亀石（蝸牛石）の系譜が古代ペルシア宗教の司祭だったマギ僧たちの魔術的（magic←magi）パワーの系列にあること、しかも例のプリニウスが、こういうマギ僧たちを「偽《いつわ》りの主張者たち」と口をきわめて非難していたことも付け加えておきましょう。

06 トパゾス（トパーズ、黄玉） ▼II-[90]

TOPAZOS

あなたがもし、あなたの手をその中に入れるとすぐ、沸騰している水があふれ出ることを望むなら、トパゾス（Topazos）と呼ばれた石を取るがよい。その石の名は、Topazis《トパジス》という島に由来するか、あるいは外観が黄金に似ていることからきている。この石には二種類あり、一つは全く金に似て

◀「トパジオン」（＝トパジス、右図）その他
『健康の園』（Hortus Sanitatis）、1499 年版
以下、『秘密の書』に近い知的土壌で育まれたこの書より、
関連図版のある頁を紹介する。

aucto. Alcauzi. Terra sigil-
luerizetur ex ea in os. vnde
git em̄ eum statim. et non est
cindit omnes fluxus sanguis
aucto. Pauli. Quādo ponit
nis non sinit locum vesicari
otu post casum in quo conti-
rum membrorum liniuntur
ost percussionē et casum et at
bet ea ab apostemate.
io cōtinuitatis cōsolidat. et
nedicinis contra venena
terra sigillata ca. ē et sic.
bus cordis. Terra sigillata
nis est in caliditate et frigidi
nane complexioni. nisi quia
est humiditate. Habet em̄
n confortandi cor

ulum cxxxi

sam in vnguentis que dicuntur mansaltas.
¶ Et est vnguētum in quod ingreditur hui-
modi testa medicina bona ad vlcera cōsolid
dum et in carnandum ea

Capitulum. cxxxii.

Topazion. Albertus. Topazion est la-
pis sic vocatus a loco sue prime inuen-
tionis que fertur vocari topazis insula
et quia auri similitudinem pretendit. Sūt au-
tem due species in hoc genere lapidis. quarum
vna est similis in omnibus auro. et est precio-
sior. alia est croceum magis tenens colorem q̄
auri. et hec vtilior est.

Operationes

¶ Albertus. Expertum est in nostro tempore
q̄ aqua bulliente si immittatur ita sicut refertur
facit q̄ statim manus immissa extrahit sine lesi-
one. & hoc fecit Parisius vnus de nostris socijs

いてより貴重であり、もう一つはサフラン色で、金よりも明るい色である。これはまたかなり有益である。われわれの時代に次のことが証明された。つまり、その石が沸騰している水の中に入れられると、石はその水をあふれ出させる。しかしあなたの手をその水の中に入れると、すっかりその水は引き出されてしまう。われわれの同僚がこれをパリで行なった。ところでこの石はまた、痔疾とか興奮症とか、また精神不安定・異常、嘆き悲しみなどを癒す力がある。

二つ前のペリドットのところでプリニウスの叙述に触れましたが、後《のち》にこの名は、黄色いサフラン色の透明な石（topaz、$Al_2F_2SiO_4$）に転じました。ここではどうも、記述の石の性質から、hephaistites《ヘファイスティーテース》（火打ち石←Hephaistos《ヘファイストス》「ヘファイストス、ギリシアの火・鍛冶の神」）、pyrites《ピュリーテース》（黄鉄鉱←ギリシア語 pyr《ピュール》「火」）と混同されているようです。これらのやや詳しい説明も、第Ⅱ部［90］を参考にしてください。

07 メディウス MEDIUS

▼Ⅱ-[60]

もしあなたが、自分の皮膚をひんめくるとか、他の人の手をちぎり去るとかしたいのなら、——メディウス（Medius）と呼ばれる石を取るがよい。その地域に住んでいる人々は、メデス《メーデース》（Medes）

と呼ばれるが、その当のメディアという地から産出する石のことである。またこれにも二種類、つまり黒色のと緑色の石がある。古代の哲学者たちは、いや今の時代の哲学者たちも、もしその黒い石が砕かれ熱い湯の中で溶かして、誰かがその湯の中で手を洗うなら、彼の手の皮はすぐにはぎ取られるであろう、と言っている。また同様に哲学者は次のようにも——それは痛風とか目の曇りに効果があり、傷とか弱い目の癒しにもなる。

おそらくメディウスは、黄銅鉱（$CuFeS_2$）の風化によってつくり出された不純な金属的硫化物の混合体で、あるものはそこからやはり硫酸が流れ出し、それが皮膚に激しい作用を及ぼしたものと考えられます。

みなさんは、こう説明されるとやはりそこにはしっかりした科学的解明があったと安心され、もはや神秘ではなくなったと思われるかもしれません。しかし、こういう石と万物との共鳴・共感・反感・不適応ということ自体が、科学的現象解明では簡単に説明できない神秘が依然としてあることを鋭くキャッチして、そこに注目しなければならないと私は思うのです。

08

メンフィテス

▼II-[62]

MEMPHITES

もしあなたが、ある人が痛みをこうむったり苦痛にさいなまされたりしないように願うなら、メンフィス（Memphis《メンフィス》「エジプト中部にあった町、今は廃墟」）と呼ばれる町から産出するメンフィテス（Memphites《メンフィーテース》）と呼ばれる石を取るがよい。それは、アーロンやヘルメスが語るようなパワーをもつ石である。この石を粉々に砕いて水に混ぜ、焼灼《しょうしゃく》されてひどい苦痛を受けなくてはならない人にその水を飲ませるならば、この飲み物によって非常に大きな無感覚状態が引きおこされるので、苦痛になやむ彼は、何の痛みもひどい苦痛も感じなくなるのである。

この本文に対してオクスフォード版は、メンフィスの石がdolomite《ドラマイト》（←フランスの地質学者Sylvain《シルヴァン》 Dolo-mieu《ドロミュー》〈1750–1802〉の名）、つまり「白雲石」だった可能性もあるものの、以上の効能書きの効力からみて、どうやら、ある植物薬剤のほうにずっとよく当てはまるのでは、と注釈しております。が、それはともあれ、アーロンやヘルメスの語り云々《うんぬん》は、宝石伝承上の権威づけとして引き合いに出されることを、ここでは指摘するにとどめます（前者は『旧約聖書』「出エジプト記」二八の一七〜二一、後者は錬金術的『ヘルメス文書』とかオルフェウス宝石賛歌『リティカ』など参照）。

09

アスベストス（アスベスト） ▼II-[01]

ASBESTOS

もしあなたが、ずっと火が消し去られることのないようにしたいなら——アスベストス（Asbestos《アスベストス》）と呼ばれる石を取るがよい。その石は鉄色をしており、アラビアではとても多く見出されるものである。もし、火をつけてこれが燃え出すならば、これは決して消えることがないであろう。なぜなら、その石はサラマンダーの第一級のすぐれた羽毛の性質をもっているからである。それというのも、その湿った脂肪で、中に燃えている火にその養分を与えつづけるからである。

アスベストス（←ギリシア語a《ア》「否定辞」＋sbestos《スベストス》「消される」）、つまりアルベルトゥス・マグヌスの場合は中世ラテン語の訛《なま》りでabeston《アベストン》となっているこの石は、イギリスでも一四世紀には伝説上の「燃えつきることのない石」でした。伝説といえばサラマンダー（英語salamander《サラマンダー》「火とかげ」←ギリシア語salamandra《サラマンドラ》「火消しとかげ」）の場合もそうです。しかし、とかげの場合は、火の中でも火を消しながら生きつづけるという古代ギリシアでの意味が転化して、その動物自体がいわば火の精であるとまで考えられるようになりました。魚が水の中で生《い》き生きと生きているように、サラマンダーも火の中でやすやすと生きつづけることはもちろんで、しかも中世の動物譚《ばなし》にありがちな、例えばライオンまでが翼

mer ꝛ frãgit cito. ꝛ sup ipm ē silē puluerí molē/
dini repti sup parietes molēdini. ꝛ hec medicia
dicit flos lapidis asios. ꝛ ē subtilis, ꝑpt suã sub
tilitatē dissoluit carnes sine mordicatione.

Operationes

¶ Ser. au. dyal. Uirt9 b9 lapidis ꝛ floris ei9 ē
curat vlcera ꝓfũda q̃ sunt difficilis sanatiõis
q̃n ē sicc9 ꝛ aufert carnē sup fluã q̃ fit in eis. q̃ est
similis fungi. ¶ Et curat vlcera frauduleta ; et
replet ea carne ꝛ mũdificat ea. ¶ Et q̃n admi/
scet cũ melle ꝛ aceto cõuenit vlceribꝰ fraudulen
tis. ꝛ nõ sinit ea augeri in corpe. ¶ Et q̃n admi/
scet cũ farina fabaꝝ ꝛ fit emplastꝝ podagre cõ
uenit multũ. ¶ Et ꝯuenit duriciei splenis. ꝛ q̃n
ex eo fit lobo c. cũ melle ꝯuenit vlceribꝰ pulmo/
nis. ¶ Et cũ ponit ex h lapide sup scabello sup
qõ tenēt podagrici sꝑ pedes dr ꝯferre eis. ¶ Et

Capitul

AQuile lapis ē vt di
abageratbamach. i. l
lapis indus q̃ cũ ag
sum lapis ali9. ꝛ minera ei9
inter chinaos ꝛ sarãdi iuxta
vocat a grecis allewians ps
est inuenta in hoc lapide a q
ctoritate Rasis. Athamach
et est lapis similis castanee.
lorem vellereum. et quando
ditur intra ipsum lapillus.
egreditur ille lapillus. et est
gens ad albedinem. ¶ Et i
ꝓprietatibus dixit. q est la
quod habet intra se lapillũ
lapidario suo. Echites lapi
gemmaruz optima. ꝛ est co

をもって表わされるように、火とかげのサラマンダーにも羽根や羽毛があると考えられるようになりました。アルベルトゥスの著作のなかにも、その羽毛で織り合わせた衣服が登場してまいります。だとすれば、何かにアスベストスを織り込めば、それが消えることのないローソクの心《しん》の役目を果たすことにもなるでしょう。これが神殿における常燈ランプの秘密でもあったのではないでしょうか。それはともあれ、中世から近代・一七世紀のイギリスともなれば、実際のアスベストスとは、不燃性の織物・構造物の中に組み入れられる繊維性の鉱物、つまり、カルシウム・マグネシウム・鉄の複合珪酸塩という組成のものとなっていきました。

10 アダマス（ダイアモンド、鋼鉄などの非常に堅い石の総称） ▼II-[02] ADAMAS

もしあなたが、あなたの敵に打ち勝ちたいと思うならば、――アダマス（Adamas《アダマース》）、英語ではダイアモンド（Diamond《ディアマンド》）と呼ばれた石を取るがよい。これは光り輝く色をしていて、また非常に堅い。それはそれは大変なものなので、これを打ち砕くなんてとてもできはしない。しかし、山羊の血だとそれができる。この石はアラビアまたはキプロス（島）で生育する。そして、それが左側に結びつけられるならば、この石は、敵に対し、また狂気や野獣・有毒動物や狂暴な人に対しても有

「アスベストス」（左下図）その他▶
『健康の園』（Hortus Sanitatis）、1499年版

効であり、さらにざわめき、がなり立てることや、悪意、怪《あや》しい幻覚（悪夢）の侵入に対しても、それらを防ぐ力がある。ある人たちは、この石をディアマス（Diamas）と呼んでいる。

「打ち破る」（ギリシア語 damaō《ダマオー》, damazō《ダマゾー》）ことが「できない」（ギリシア語・否定辞 a-）という意味の合成語 a-damas《アダマス》、その名前どおりの力をもつ石を身につけておれば、そのパワーによって不敵である、という単純でありながら真実を含む原始人的発想のことはともかくとして、本文を読んでも誰もが疑問をいだくのは、「何にもまして打ち破りがたく堅固だといわれるアダマスが、山羊の血によって打ち砕かれるようになる」という叙述であります。オクスフォード版の注は、この叙述が、例のプリニウス（『博物誌』第三七巻・五九節）からきていることを指摘し、次のように説明しています——宝石を粉末状にしたり磨いたりするのに使われる複合物を示す、アレクサンドリアのある効能書きの表紙に書かれていた名を、プリニウスがそのまま文字どおりにとったものであるとしか考えられない——と。さてプリニウスの原文を読んでみますと、値段のつけようもなくすばらしいアダマスを砕くのに、最も野暮ったい動物を用いるなんて（おまけにプリニウスはいかにも現実味をあじわわせるかのように、「新鮮で、まだ生あたたかい山羊の血を用いる」と付け加えております）、いったい誰がどんなきっかけで思いついたのだろうかと、皮肉まじりに、しかしその事実を信じるかのように（残念ながら実証することもなく）不思議がっています。私は私で、打ち壊すことのできない堅い堅いわれわれの体内の胆石などの結石を、古代〜中世の人たちがアダマスの一つと言いならわしてきたのではないか、などと考えたりもしています（これなら山羊の血でも打ち壊せますから）。結石を語る近辺にアダマスも語られる場合がありましたから。

それはそうと、アダマスの種類は六つあるというのがプリニウス。そしてここでは最初にインド産（これが現代でいう正真正銘のダイアモンド、と考えられる）のアダマスがあげられています。それに対し、プリニウスの時代から一〇〇〇年以上くだった一一世紀・マルボドゥスの宝石賛歌の石・六〇種のトップに登場するのはやはりアダマス、しかし種類は四つです（ここには、コランダム、磁鉄鉱、黄鉄鉱もおそらく含まれていたでしょう）。そのプリニウス、マルボドゥスともに、アラビア産アダマスがインド産についで二番手にあげられています。が、マルボドゥスは、「アラビアは別種のアダマスを産する。／これはそれほど頑強なものではない。血をかけなくても割れてしまうのだから。／これは、インドのものほど見栄《みば》えもしないし、価値も低いとされる。／たとえ、重さや大きさにおいて勝っていても。／第三のアダマスは、海に浮かぶ島キプロスが産する。／……」と述べています（われわれの今扱っている流布本『秘密の書』の本文と比較してみてください）。

さて比較ついでに申しますと、マルボドゥスのアダマス叙述の最後は、「この石の輝く腕輪は左の腕にはめよう」ということになっています。上記『秘密の書』の本文も、アダマス石は左側に付けるとあります。どうして左なのか?!——古代からの言い伝えに、「不滅の愛を誓う指輪が女性の左薬指にはめられるのは、熱き血と思いの心臓から薬指に向けて血管がすっと直接伸びているから」と説明する向きもありますが、左は何かの不吉・不利・弱点、そこをアダマスで強化すれば鬼に金棒、という言葉どおりのリアルな防御という心理作用が、あるいは相乗的にマジカルに働いたものかもしれません。

ところで、本文最後のDiamas《ディアマース》（← Adamas《アダマース》）という中世時代の呼び方ですが、これはAdamas《アダマース》のaとd

とが発音訛り的に変化したもので、中世ラテン語diamas《ディアマース》（語幹diamant-《ディアマント》）→イタリア語diamante《ディアマント》→フランス語diamant《ディヤマン》→英語diamond《ダイアマンド》のプロセスを経てまいりました。そして現在は、過去に多種類（六～四種類）あったアダマスが、ただ一つの種類、つまり、組成が炭素（C）のみによる結晶形のものとなりました。

11 アカテス（メノウ） ▼II-[04] ACHATES

もしあなたが、すべての危険やあらゆる恐ろしい物をそうとは思わず、強い心をもちたいと思うならば――アカテス（Achates《アカーテース》）と呼ばれる石を取るがよい。それは黒いが、白いいくつかの帯をもっている。が、同じ種類で別のもの、つまり地《じ》がほとんど白いものもある。そしてまた、第三のものはある島に生ずる。これは黒いいくつかの帯をもっている。それは危険を克服させ、心臓に力を与えてくれる。人を丈夫にし、楽しくし、愉快に喜ばしく、逆境に立ち向かう力をかしてくれる。

Achates《アカーテース》とあるのは、アルベルトゥス・マグヌスではagathes《アガーテース》、英語はagate《アギト》であり、縞状の玉髄（英語banded chalcedony《バンディド カルセダニ》）、すなわち組成はSiO_2（シリカ結晶形）、また本文に「ある島」とあるのは、マグヌスによると「クレタ島」です。何もマグヌスによらずとも、二〇〇年ほども前のマルボドゥスの宝石詩冒頭にうたわれているのは、もっと詳しく「まず人々が言うには、アカテスが見つかったのは、／同じ名前で呼ばれている川の岸。／この石は価値が高く、シシリアの川岸を滑るように流れて行く。／……（八行省略）／クレタ島では、サンゴによく似たアカテスもよく出る。……」と。さらに三行下《した》には、「インドもまた、さまざまな模様を見せるアカテスを産する。／……」というように、それらの産地、それぞれの効能、共通の効能などが相当に詳しく（全二四行）叙述されています。しかし私どもの『秘密の書』には、ごく短い効能が述べられているにすぎません。マグヌス自身の書いた『鉱物書』と比較しても、四分の一ほどです。しかも、この鉱物書のクレタ産のメノウの箇所には、アラビアの例の哲学者アヴィケンナの言葉やアラビア人たちの王エヴァクス〔ダミゲロンの鉱石誌をギリシア語からラテン語に訳したとされる。同文献の全容はこのラテン訳によってのみ伝わる〕の効能書きとしてそれがあがっており、『秘密の書』は自らの本文をここからそのまま引用しているように思われます。この問題は第Ⅱ部で触れますが、注目すべきは、アカテスの天啓の不思議なパワーが、七〇〇～八〇〇年も前に書かれたホメロス調のギリシア語詩（オルフェウス宝石賛歌『リティカ』）にも数十行にわたってマジカルに語られていることです。もっとも、その数々の効能は『秘密の書』のなかには触れられていませんが。

それはそれとして、次の石に移りましょう。

⑫ アレクトリア（雄鶏石） ▼II-[06]

ALECTORIA

もしあなたが、誰かある人から何かを手に入れたいと望むなら――アレクトリア（Alectoria）と呼ばれる石を取るがよい。それは雄鶏の石で、クリスタルのように白く透明で、雄鶏の砂嚢（胃袋）から引き出される。その雄鶏が四年以上ものあいだ去勢されたあとにである。その石の大きさは豆粒ぐらいである。それは心を楽しくしっかりしたものにする。舌の下に置くと、それは喉の渇きを静めてくれる。このことはわれわれの時代に実証された。そして私（アルベルトゥス・マグヌス）はそのことを早く認めたのである。

マグヌスが動物論で述べたところによると、――雄鶏が去勢されたあと、六年後にエレクトリウスという石がその肝臓に生ずる。そのときから雄鶏は水を飲まなくなる。だからその石を身につける人は喉が渇かなくなるのだといわれる――と。

Alectoria《アレクトリア》, Alectorius《アレクトリウス》, electorius《エレクトリウス》とかいわれるこの石の名は、ギリシア語のalektōr《アレクトール》（雄鶏）に由来しています。この石が実際にどの石を指すのか、いろいろ取沙汰されていますが、鶏の砂嚢の中に生じるじゃりの一片とも、マルボドゥスの記述によると水晶に近い透明なものとも(?!)考えられます。動物

◀「アレクトリウス」（＝アレクトリア、右上図）その他
『健康の園』（Hortus Sanitatis）、1499 年版

...tio et magnificandis ...
...mētatores asserunt

...itulum.v.

...nta z Antracites. Isido.
...māta nitorē habet argēti .z
...s semper tesseris quadrata
...omen impositū ab eo q̄ do
...icatur impetus vel iracun/
...it autē in mari rubro.

...erationes

...odamāta lapis est coloris
...de rubro mari: forma eius
...t adamātis. Uirt9 ei9 ē cō
...cōmotuz. ¶ Ex lapidario
...is ē quasi tessera q̄dra. Ipe
...eperit harenis. ¶ Quē ma
...tutis habere. vt possit pre/
...e calentes. ¶ Ex libro d̄ na

adamas.
¶ Uirtutē habet cōtra furorem. et facilis animi cogitatione z tristiciam et grauitatem.

Capitulum.vj.

Allectorius. Solin9. Allectorius lapis traditur qui cristallina specie fabe modo in gallinaciorum ventriculis nascitur. aptus (vt dicunt) preliatoribus. ¶ Dyasco: Allectorius lapis in ventribus gallorū gallinaciorum inuenit. ¶ Arnoldus. Allectorius ē lapis obscuro cristallo silis e ventriculo galli castrati trahit post quartū annū. Ultia eius quātitas est ad magnitudinez fabe. ¶ Ex libro de na. rer. Allectorius est lapis cristallo vel aqua limpide similis. In iecore gallinacij reperitur si castratus fuerit. post q̄ tribus annis vixerit castratus. Nullus maior est faba: postq̄ hic lapis in gallinacio fuerit nunq̄ bibit.

Operationes

のもつ不思議なパワーは、とくに中世キリスト教社会でも特筆大書されるようになり、例えばライオンがイエス・キリストに比せられることが一般化される時代もありましたが、すでに古代ローマのプリニウスによって動物のすぐれた性質がいろいろ記述されました。もちろんアレクトリア石も、その外観は水晶のようで、大きさは豆粒ぐらい、そしてクロトン出身のミロが競技で負けたことがない者という異名をとったのも、この石を用いたおかげ、と彼の『博物誌』第三七巻（「宝石論」）の一四四節には述べられています。朝早くときの声を真っ先に威勢よくあげる雄鶏の中に宿るパワーが、この石に光る結晶となって具現しているのでしょうか。

13 アマンディヌス ▼II-[07] AMANDINUS

もしあなたが、野獣たちに打ち勝ち、すべての夢や予言的事柄を解き明かしたいと思うならば――アマンディヌス（Amandinus）と呼ばれる石を取るがよい。それらはいろいろの異なった色をもつ石である。この石は、すべての毒を追い出し、人を自分の逆境に打ち勝つようにさせ、予言とか夢見解釈の能力を与え、理解・解説のしにくい暗いなぞなぞの問題を解きほぐしてくれる。

さてこの石が果たしてどの石なのか、文献上の同定はなかなか難しいのですが、どうしてもその効能の類似からして、プリニウス『博物誌』第三六巻・一三九節に出てくるアミアントゥス石（amianthus←ギリシア語 amianthos「アスベストスの一種。本来の意味は、汚れのない、純粋な」）のことではないか、と推測する向きがあります。ちなみに、プリニウスの当該箇所には、「アミアントゥスは明礬に似ているが、火によって消失することはない。これは、すべての呪い、とくにマギ僧たちの呪いに対して守護してくれる」とあります。

14 アメテュストゥス（アメジスト、紫水晶） ▼II-[08] AMETHYSTUS

もしあなたが、感知できるかもしれないものをよく理解したいとか、酒に酔っぱらうことのないようにしたいなら——アメテュストゥス（Amethystus《アメテュストゥス》）と呼ばれる石を取るがよい。それは紫色をしており、最良のものはインドに見つかる。紫水晶は酩酊するのをうまく防いでくれるし、また知りうる事柄はすっかりよく理解させてくれる。

紫水晶（英語 amethyst《アミシスト》←ラテン語 amethystus《アメテュストゥス》←ギリシア語 amethystos《アメテュストス》「酔わない」、a-《ア》「否定辞」、methystos《メテュストス》「酔う。

日本語になっているメチールもここから」）、つまり石英（結晶形シリカ、SiO_2）については、一〇〇〇年以上も前にプリニウスが詳しく、その種類・品質などについて説明しております（『博物誌』第三七巻・一二一〜一二四節）。品質の点で第一位を占めるのはインドの紫水晶だと説明し、各地から産出する紫水晶のさまざまな品評をしたあとで、プリニウスは、古代ペルシアの魔術的呪文を唱える例の祭司たち（マギ僧たち）のことを口をきわめて非難・反駁し、「紫水晶が a-methystus《アメテュストゥス》（酔わない）という名をもっているのは、酩酊を防ぐからだ、などと偽りごとを言っている」（一二四節）とののしっているのが印象的です。このことに関しては、後述の第Ⅱ部［08］でさらに詳しく触れるつもりです。

　ただここで少しばかり触れておきたいのは、原テキスト（といっても、いろいろの手書きの写本）の読みに関し、そこにおきがちなミス（現代で言うミスプリント、ミス解釈・翻訳の数々）が、ある権威者たちの思い込みその他で、重要な事柄で後世の数々のぬぐい難いあやまりの史的既成事実を作ってしまうことです。さらに確実な事実による校訂が必要なゆえんであります。例えば、アルベルトゥス・マグヌスは、自身の『鉱物書』の中で「紫水晶が酩酊を防ぐ」という言辞を、例の『旧約聖書』の Aaron《アーロン》（略して Ar.）が言ったこととしていますが、Ar. で示されるのは、マグヌスの尊敬する古代ギリシアの大哲学者アリストテレス（Aristoteles）のことでもあります（この略語もしばしば用いられます）。しかし、宝石の文献上は、現在に残るアリストテレスの著作には残念ながらその叙述がないのです。それはそうと、ごく小さいことではありますが、ついでに申しますと、『秘密の書』本文の「感知できる」（オクスフォード版では be felt《フェルト》「felt は feel《フィール》（感ずる）の過去分詞」、古いラテン語テキストでは sensibus《セーンシブス》「感じられうる（sensibilis《セーンシビリス》）」）は、「理解できる」（ラテン語だと scibilis《スキビリス》 ← scio《スキオー》「知る」、scio は science《サイエンス》 の語源）の改竄《かいざん》ではないか、との指摘が同版の注にあることも付け加えておきましょう。そういう指摘は細かすぎるとおっしゃる向きがあるやもしれませんが、文献研究では、しばしば細かいことがきわめて重要な発見につながる場合がありますので念のために。

⑮ ベリュルス（ベリル、緑柱石）▼II-[12]

BERYLLUS

もしあなたが、あなたの敵を打ち負かしたり、論駁をうまくかわしたいと思うならば——ベリュルス（Beryllus《ベーリュルス》）という石を取るがよろしい。それは青白い色をしていて、水のように透《す》かして見ることができる。それをあなたの身にまわりにつけよ。するとあなたは、すべての議論に打ち勝ち、あなたの敵を追い払えるであろう。それはあなたの敵を柔和にする。アーロンも言うように、その石は人を行儀よくさせてくれる。それはまたよく理解力をも与えてくれる。

ここに記《しる》されている緑柱石（英語 beryl《ベリル》←ラテン語 beryllus《ベーリュルス》←ギリシア語 bēryllos《ベーリュロス》←外来語?!）の効能は、アルベルトゥスの『鉱物書』（第II部参照）からその一部をとっているものにすぎませんが、時代が二〇〇年ほど先《さき》んじているマルボドゥスの鉱物詩にはさらに多くの効能が掲げられています。が、「議論に打ち勝ち、……理解力をも与えてくれる」といった上記本文の効能が一切そこに記述されていないのは驚きです。出所はそうちがわないはずなのですが。ちなみに緑柱石の組成は$3BeO.Al_2O_3.6SiO_2$の六角柱の結晶形で、いちばん貴重がられるのが「大海の新緑色のもの」（インド産）、これがつまりエメラルドというわけであります。

16 ケロニテス（亀石） ▼I-05／II-[18] CHELONITES

もしあなたが、未来の事柄を予め判断するとか推測するとかしたいのなら——ケロニテス（Chelo《ケロー》-nites《ニーテース》）と呼ばれる石を取るがよい。それは紫色であるが、他のいろいろ異なった色のものもある。それは蝸牛《かたつむり》の頭の中に見出される。誰かが、自分の舌の下にそれを含めるならば、彼は未来の事柄を予断したり予言できたりするであろう。しかし、そうだからといって、この力は、月が増大し満ちていくとき、その月暦の第一日目だけ働く、といわれており、もう一つは、月が欠けていく第二九日にも働く、と。そのように、アーロンは薬草や石の効能を書いた本のなかで語っている。

Chelonites《ケローニーテース》（←ギリシア語 chelōnē《ケローネー》「亀」）のことはすでに05で触れたところですが、この古典ギリシア・ラテン語の言葉は、アルベルトゥス・マグヌスの『鉱物書』では中世ラテン語訛りの celontes《ケローンテース》であり、ここでアルベルトゥスは、この石が甲殻類の魚の体の中に見出されると言っています。なるほど、大きな甲殻魚には、真珠の輝きをもった住居《すまい》をもっているものがありますからね。ある有力な注釈家は、アルベルトゥスは明らかに真珠の母貝のことを記述しているのではないか、と指摘しています。さてまた、その注釈家ワイコフは、このケロニテスの本文には、ラテン語のなかのミスプリントがあり、翻訳者が迷ったあげく多くの文を釈然としない混乱のまま放っておいたと考え、校訂を加えています。

17 コラルス（サンゴ） ▼II-[20]　CORALLUS

もしあなたが、嵐をしずめ洪水を制御したいと思うなら——コラルス（Corallus《コラルス》）、つまりコラル（Coral）と呼ばれる石を取るがよい。これは、あるものは赤くても、あるものは白くてもよい。この石はすぐに血をとめ、それを身につける人から愚かさを取り去り知恵を与えることが立証されてきた。また事実、われわれのこの時代のある人々についてもそれが証明された。それは嵐に対し、洪水の危険に対して有効な力を発揮する。

Corallus は、おそらくはセム語系の起源かと思われますが、とにかく古代ギリシア語での korallion《コラリオン》→ラテン語 corallus→英語の coral ということになりました。コラルスについては、古代ローマのプリニウスも『博物誌』第三二巻（海棲動物薬剤の巻）二一〜二四節で割合詳しく触れています。いろいろある生息地（といっても、紅海、ペルシア湾、地中海沿岸、その他）のなかで、地中海産のものがいちばんすぐれている、と言っています。現に、古代中国でもこれを輸入し、七宝の一つとして珍重してきました。インドの真珠がローマで貴ばれたように、西方のサンゴがインドで貴ばれ、インドの預言者や占卜者たちは、サンゴは危険を払いのけるのに大変な力のあるお守りだと考えておりました。生命力のシンボル的な血液、例えば、これの出血を止めるパワーとの共感的でマジックな効能と、インドならぬ各地でも血のように赤く美しいその生産的・活力的色彩とが、互いに根源的感性同士の共振をし合ったにちがいありません。まさに魔除けの王者のような存在として各地に君臨し、ついには、マルボドゥスの言葉にも結晶したように（古代ペルシアの拝火教教祖のゾロアスターや、その後のギリシアの最も優れた作家などが記《しる》しているように）、「サンゴは雷や台風や嵐を退ける」驚くべき力の持ち主として珍重されるようになりました。また、自然科学的な観点からしても、サンゴの主成分である $CaCO_3$（炭酸カルシウム）や $MgCO_3$（炭酸マグネシウム）などが農産物豊穣を約束することは、マルボドゥスの「ブドウ畑やオリーブの木の間に撒《ま》かれたり、／あるいは農夫の手で畑に種《たね》と一緒に撒かれると、／穀物の茎を害する雹《ひょう》を防ぎ、／溢《あふ》れるほど豊かに収穫が増える」という一節のとおりでしょう。ここではさらに、詩の次の行《ぎょう》「コラルスは悪魔の亡霊やテッサリアの怪物を撃退する」の一句も念のために付けておきましょう。

⑱ クリュスタルス（クリスタル、水晶）

▼II-[24]

CRYSTALLUS

もしあなたが、火をおこしたいと思うならば――クリスタル（Crystal）石を取り、それをうつす太陽の円形の下近く、つまり太陽に向けて、さらに燃えつかせられる物の近くに置くとよい。するとただちに、輝く太陽の熱がその物を燃えつかせるだろう。それはさておき、またこの石（の粉末）が蜂蜜と一緒に飲まれるならば、それは母親の乳の出をよくする働きがある。

その透明な美しい無色の石英結晶（SiO_2）は、太陽の光線の使者のように、燃える太陽の光りを火に変える働きがあるとして、英語でも、いわゆる'burning glass'という異名をとっています。また、この本文にある「乳の出をよくする」働きについては、かえって蜂蜜の作用が大きな役割を果たしている、という解釈も成り立ちましょう。また、本文には記載されていない重要なこととして、クリスタルの直接の語源がギリシア語のkrystallos《クリュスタロス》（氷）であることから、熱病患者の手にこの石を握らせた、という写本のコメント記録がある（イギリス〈大英図書館〉）ことも報告しておきましょう。

ヘリオトロピウム（血玉髄）

▼II-[32]

HELIOTROPIUM

もしあなたが、太陽が血の色に見えることを望むならば――ヘリオトロピウム（Heliotropium）と呼ばれる石を取るがよい。それは、エメラルドと呼ばれる宝石に似た緑色をしている。そしてこの緑の地の上に滴《したた》りが散らばったようになっている。降神術者（口寄せ、一種の占い師）たちは、これをGemma《ゲムマ》 Babylonica《バビュローニカ》つまり固有名詞でバビロンの宝石と呼んでいる。ところで、もしこの石が同じ名をもつハーブ（薬草）のジュースと一緒に混ぜて水を満たした容器に入れられるなら、それは太陽をまるで日食を思わせるような血色に見えさせてくれる。そうなるわけは、この石がすべての水を粒子の小さな雲になるまで泡立たせ、空気を分《ぶ》厚くさせて、太陽を見えにくくさせ、いわば赤い雨滴となって雲散霧消するのである。さてこの石を身につけると、その人はよき名声を得、健康で長寿をまっとうすることになる。古代の賢者も言うように、人がわれわれの前述したような同じ名の薬草と一緒にして体《からだ》に擦り込むならば、その人は心身の力において卓越した者となる。してそのヘリオトロピウムはキプロス島やインドでよく見つかる石である。

英語でBloodstone《ブラドストウン》（文字どおり和訳すれば血石）と一般にいわれるこの石（英語でもheliotrope《ヒーリアトロウプ》という言い方

がある）にはいろいろの説話がまとわりついていますが、本文にもあるようにすでに古くバビロンにまでさかのぼります。その後、博物誌家のプリニウスが例によって、古代バビロニア・ペルシアのマギ僧たち（このマギ〈magi〉がmagic「魔術」の語源になったことは前にも述べたとおりです）のはなはだしい厚顔無恥ともいえるような祈り、つまりある呪文を唱えると、この石を身につけていた人の姿がたちどころに人の目に見えなくなる、といったまやかしを非難しているのは有名な話ですが、その同じ節（『博物誌』第三七巻・一六五節）で、太陽光線を水の中で血色に変えるこの石のヘリオトロピウム的な特質を述べています。例の *Heliotropium*《ヘリオトロピウム》 *europaeum*《エウロパエウム》 という学名をもつ植物、つまりヒマワリは、その花が太陽（ギリシア語で helios《ヘーリオス》）の方に向くこと、転ずること（同じく tropos《トロポス》）から名づけられたのと同じように、石の Heliotropium も「太陽光線を血の色に転ずる」ことがその名の由来だったことを示唆しております。

さて、第Ⅱ部で扱うアルベルトゥス・マグヌスの『鉱物書』原文では、eliotropia《エーリオトロピア》（heliotropium《ヘーリオトロピウム》の中世ラテン語形）と呼ばれている石の性質というものも、科学的にはSiO_2のシリカ系結晶形・カルセドニー（玉髄）の一変種なのです。が、すでに、知的にかなりすぐれていたアルベルトゥスは、上記の転化が一種の化学反応であり、発泡→沈殿というプロセスを経て行なわれるのではないかと考えていたようです。

それはともあれ、第Ⅰ部の『秘密の書』といい、第Ⅱ部のアルベルトゥスの『鉱物書』といい、これらは、中世～近代に流布したはずの「キリストの血から生まれた献身の石」としてブラッドストーンの説話類は記載されておらず、むしろ古代ペルシア（→ギリシア・ローマ・アラビア）伝来の魔術的でエキゾティックなもののほうにより多く興味がそそがれているように思います。しかし、「キリストが十字架にかけられたときに、その血が足元の緑の石にかかって、この血の点々とした石がブラッドストーン〈血石〉になったのだ」とか、緑色は知性、血の色は愛と勇気を与え、これが「献身」精神の持ち主に最大の援助をしてくれる石となったのだとか、そしてまたこういうことから、献身や勇敢・知性・沈着・聡明といった宝石ことばやメッセージが、さまざまな人々に共鳴・共感の波動を呼びおこしていたこととか、またこれらは荒唐無稽の単なる説話・伝承などではなく、人間の心の奥深い原生命的な活力に根ざすものであるとかの説明・記載こそ、今後のわれわれのきわめて重要な課題であるのだ、とだけここでは指摘するにとどめておきたいと思います。

20 ヘファエスティテス（ヘファイストス石）　▼Ⅰ-41／Ⅱ-[34]　HEPHAESTITES

もしあなたが、火の上にかかっている沸き立った熱湯を冷たくしたいと思うならば——Hephae《ヘファエ》stites《スティーテース》と呼ばれる石を取るがよい。それは、太陽の眼に向けて水の中に入れ、太陽の燃える光線をその前面に当てるといった石なのだが。とにかく、古代も今も賢者たちの言うことに、もしこの石が沸き立つ熱湯の中に入れられると、その沸騰は立ちどころに止まり、しばらくすると冷たくなるであろう。ところで、この石というのは光り輝く赤い色をしているのだ。

◀「エピストリテス」（＝ヘファエスティテス、右上図）その他
『健康の園』（Hortus Sanitatis）、1499年版

...itulum. liiij.

...n.ysi. Elitropia est gēma co-
...dis ac nubil' stellis puniceis
...a cū sāguineis venis. cū vero
...pi9 lapidis. Nā ī labris ene-
...solis mutat. sāguineo reper-
...aūt specl'i mō solē excipiat. ō
...9 subeūtē lunā ońdēs. Hig-
...ica. sz melioz ī ethiopia. Na
...rba elitropia: quibusdā ad-
...bo gerentē ɔspici negant.

...erationes.

...tropia si ponat sup aquā eua
...li. ō na. re. Lapis elitropi9 in

Operationes

¶ Arnol. Epistites lapis est rutilās ⁊ rubicū-
dus ex pte cordis gestatus hominē tutū cust-
dit. locustas ⁊ volucres nebulasq; steriles: gr-
dinem ac turbinem a fructib9 terre compesci-
et soli oppositus ignem ac radios emittit.
¶ Dyas. Epistit ī lapis rubicūdus ac dilucid-
est. ⁊ nascitur in corimbo. Hic in aquā feruen-
tem missus: cōtinuo tepidorē eam reddit.
¶ Et si aliquantulū steterit: ibi omnē ardoz
tollens frigidā eam facit. ¶ Hūc cū aliquis i-
manu dextra ɔtra solē tenuerit radios emitti
⁊ ignē vomit. ita vt videntes mirentur.
¶ Qui ṽo circa brachium sinistrum eum poz-
tauerit: omnes turbas contempnit.

アルベルトゥス・マグヌス自身がepistrites《エピストリーテース》と中世ラテン語で呼びならわしているこの石は、黄鉄鉱（硫化鉄、組成はFeS_2）であり、打てばすぐに火花が出る真鍮様黄色の鉱物です。しかし、すぐ前の本文にかかげられている性質からすると、同じ『秘密の書』の第六番目（トパーズ）と第一九番目（ヘリオトロピウム）の諸性質のコンビのものであるようだ、とオクスフォード版はコメントしております。

ヘファイストス石、つまりHephaestites《ヘーファエスティーテース》（←ギリシア語Hēphaistos《ヘーファイストス》「火と鍛冶の神。東地中海から小アジアにかけての火山地帯の神。多くの宝石の造り主でもあった」）と接尾辞-ites（「所属・タイプなどを示す」）については、また後出の[41]のHephaestitesもご参照願いたいと思います。プリニウスもさきのヘリオトロピウム（第一六五節）につづく第一六六節でヘファイストス石のことを、この石は赤い色をしているが、鏡のように物の像をうつすとか、この石が本物であるかどうかを試すには、これに熱湯をかけてすぐに冷えるかどうかをみなくてはならぬとか述べております。

[21] カルケドニウス（カルセドニー、玉髄） ▼II-[14] CHALCEDONIUS

もしあなたが、悪しき幻影・幻想を避け、またすべての訴訟とか事件に打ち勝ちたいと思うなら、

――Chalcedonius《カルケードニウス》と呼ばれる石を取るがよい。その色合いは薄く、また茶色がかっていたり、またいくらか暗色であったりする。この石がSineris《シネリス》と呼ばれる石で穴をあけられ、首のまわりに掛けられれば、それはすべてのまやかしの幻覚に対して効果があり、またすべての訴訟事件に打ち勝ち、あなたの逆境に対しても身の安全を確保してくれよう。

参考までに、かの有名なマルボドゥス（一一世紀末）の宝石詩五行全部をここにかかげてみると、次のようになっています――「カルケドニウスは薄い青色に輝いて、／ヒヤシンス石（風信子石）とベリル（緑柱石）の中間の色をしている。／この石に穴をあけ、指や首にかけて持ち運ぶと、／石に守られる。この種類の石は三色のものだけが発見されている」と。

訴訟事件に強いと古くから信じられてきたカルケドニウス（シリカ結晶体）の語源ですが、そのラテン語 c(h)alcedonius《カルケードーニウス》はギリシア語 chalkēdōn《カルケードーン》（『新約聖書』「ヨハネ黙示録」二一・一九参照。新しいエルサレムの第三番目の基礎石。また、そのカルケードーンとは、ヨーロッパ側のビザンティウムと相対する小アジア側ビチュニアの町カルケードーンの名に由来）によく関連づけられます。しかし他方では、アフリカ北海岸の有名な町だったカルタゴ（ラテン語 Carthago《カルターゴー》←ギリシア語 karchēdōn《カルケードーン》「カルタゴ。多くの北アフリカ鉱石の輸出の中継地でもあった」）にその由来を求める現代の有力な説もあります。そしてげんに、プリニウス『博物誌』第三七巻・一〇四節に出てくる Carchedonia《カルケードーニア》（カルタゴ石）の示唆的な叙述のことも無視するわけにはまいりません。が、この問題は第Ⅱ部［14］でもう少し詳しく述べることにいたします。

ところでカルセドニーに穴をあける云々《うんぬん》のところに出てきたSineris《シネリス》ですが、これは堅い石であるコランダム（corundum, Al_2O_3）の不純な結晶体であるemery《エマリ》（英語「金剛砂」＝smyris《スミュリス》←中世ラテン語sineris《シネリス》）だったと考えられます。

古来から伝承してきた宝石は、見れば見るほど、語りかければ語りかけるほど、それぞれが何らか特有で不思議なオーラでもって私どもの心に共鳴してまいります。このカルセドニーの石も、その外見的にも柔らかな灰青色の色彩が、私どもの体液の中にともすれば加重してくる不自然な憂愁《メランコリー》・憂鬱の気と同調しながら、黒胆汁質《メランコリー》が引きおこす恐ろしい幻影や幻覚をしずめる解消のお守り石になることでしょう。

22 ケリドニウス（燕《つばめ》石） ▼II-[17]

Chelidonius

もしあなたが、人に快く受け入れられ人好きのするようになりたいと思うならば——Chelidonius《ケリドーニウス》と呼ばれる石を取るがよい。この石には、あるものは黒色、あるものはやや赤色をしたものがある。石は燕（ギリシア語ではchelidon《ケリードーン》）の腹部から引き出される。赤いほうの石がリンネル布とか仔牛の皮に包まれて、左の脇の下に入れておくなら、これは狂気とか古代の人々が月を感じておこす精神病的な病いとか嗜眠性の病気とか、さらに全身にわたってできる伝染性の疥癬的な皮膚病などに有効である。エヴァクスが言うには、この石は人を雄弁にし誰にも快く受け入れられるようにしてくれるとのこと。黒い石のほうは、荒々しい獣や厳しい神罰に対して有効な処置の知恵をさずけ、始めた仕事は終わりまで遂行させてくれる。が、もしその石が、ケリドニア（ツバメ草）の葉に包まれるなら、視力を鈍らせるといわれている。さて、それらの石は八月に引き出されるべきであり、二つの石が一羽のツバメのなかに見出されるのもしばしばである。

いつか申しあげたように、中世キリスト教社会には、動物に宿る不思議な力、例えばライオンのなかにはキリストの知恵が宿っているといった強い信仰があり、それに関連して、いくつかの動物の体のなかに結晶する石に神秘のパワーを感じました。その間の事情を『秘密の書』のなかにところどころ見出すことができます。

ところで、この書のラテン語テキスト編集者がアルベルトゥス・マグヌスの lunaticam《ルーナーティカム》 passionem《パッシオーネム》（月の病、すなわち精神錯乱などの精神病。英語で lunacy《ルーナシ》）の言葉を litargicam《リータルギカム》 passionem《パッシオーネム》（英語でいう lethargy《レタルジ》「嗜眠、昏睡、無気力」。passionem《パッシオーネム》 は passio《パッシオー》「受けること、受難、病気」のラテン語対格形→英語の passive《パシヴ》「受け身」、つまり月の気を受けて精神に異常をきたすこと）と混同するとか、また誤ってアルベルトゥスの epilepsiam《エピレプシアム》（英語の epilepsy《エピレプシ》「癲癇《てんかん》」）のことを epidimiam《エピディミアム》「伝染性の皮膚病」と勝手に解釈・憶測したり、本来ならツバメ草は視力を鋭くする植物であるのに、目を見えなくする他の植物と取り違えるとか、よくある誤りをところどころで繰り返していますが、ここでは単なる指摘にとどめておきたいと思います。

23 ガガトロニカ ▼II-[41] GAGATRONICA

もしあなたが、あなたの敵に勝利したいと思うならば――Gagatronica《ガガトロニカ》と呼ばれる石を取るがよい。それはいろいろの色合いを示す石である。古代の賢者たちが言うには、この石の効能は王子アルキデス（ギリシアきっての英雄ヘラクレス）において実証されてきた。ヘラクレスはこの石を身に携えている間は常に勝利していたからである。これは子ヤギの皮のように雑色である。

このいわゆるヘラクレスの石（アルキデスは父系から出た名）Gagatronicaは、この名称からも後述のGagates《ガガテス》（第38番目の石）との関連が考えられます。が、その色合いの叙述からして、おそらくはオパール（シリカSiO_2の含水結晶形）ではなかったかと思われます。ガガトロニカとヘラクレスの結びつきは、すでに二〇〇年も前に例のマルボドゥスが取りあげていたことが注目されます。彼の宝石詩・二七、ガガトロメウス（＝ガガトロニカ）――「敵に向かって戦いを挑もうとする支配者がこの石を持つと、／彼は敵を撃退し、地上からも海からも追い払うであろう。／ヘラクレスは、この石の力で幾多の危険を克服したが、／この石を携えなかったときは打ち倒された」とあるとおりです。

24 ヒュアエニア（ハイエナ石） ▼II・[47] HYAENIA

もしあなたが、未来のことを予知したいと思うなら―― Hyaenia《ヒュアエニア》（←ギリシア語 hyaina《ヒュアイナ》／→英語 hyaena《ハイエナ》, hyena《ハイエナ》「ハイエナ」）と呼ばれるある獣《けもの》の歯のような石をとり、あなたの舌の下に含めるとよい。アーロンや古代の賢人たちが言ったように、あなたがそれをそのように舌の下に保っている間は、常に何かを推しはかりながら、未来のことを予言し、その判断において決して誤《あやま》つことはないであろう。

ハイエナといえば、かのプリニウスは、『博物誌』「動物篇」中の第八巻・一〇五～六節で、この動物のもつ不思議な珍しいいくつもの習性を叙述しているのが注目されます。例えば、人間の言葉をまねてある人を戸口から出てこさせ、その人をずたずたに引き裂いたり、その眼の色が千変万化することや、何か魔術を駆使するかのように、三度じっと見つめるとどんな動物もその場に立ちすくみ釘《くぎ》付けになってしまうことなどです。が他方では（第三七巻の「宝石論」一六八節）、このハイエナ石を舌下に含めた人が未来を予言できるというマギ僧たちの欺瞞を信ずるなんて、馬鹿としか言いようがない、と吐き捨てるように話してもいるのです。

ハイエナ石はハイエナの眼からとり出されるので、これを目当てにハイエナは人間によって攻撃される、とは当のプリニウス自身が報告するとおりですが、オクスフォード版は、ひょっとしてこの石はcat's eyes《キャッツアイズ》（ネコ目石）、つまり角閃《せん》石 $Ca(Mg,Fe)_2(SiO_2)_4$ の精巧な針晶を含んでいるために、ある特徴的な玉虫色に変化する光沢・光輝をもった石英の小石ではなかったか、と推測しています。

25 スキストス SCHISTOS

▼II-[50]

もしあなたが、あなたの衣服を燃やすことのできないものであるようお望みなら――Schistos《スキストス》と呼ばれる石を取るがよい。これは、イシドルス（紀元六～七世紀の百科全書家）も言うようにサフラン色（鮮黄色）をしている。スペインのある一部の地域で見出される石である。取っ手二個づきふいご、その中には強い風が入るために、この石はそのふいごのように風をおくる。それは、ヘラクレスのガデス（現在のカディスの町）の近く、つまりグラナダの向こうのスペインのはずれにある二つの島の近くに見つかる。もしこの石が衣服の中に入れられるなら、その衣服は決して燃やされることなく火のように輝く。ある人たちが言うには、白いカーバンクル石はその石の一種であるのだ。

◀「イスクルトス」（＝スキストス、左図）その他
『健康の園』（Hortus Sanitatis）、1499年版

Operationes
¶ Est āt lapis siccissim⁹ qd̄ sua indicat subtili
tas maria. Fit aūt ex aqueo succo q̄ euadit de
materia lapidis. q̄ gn̄at in luto rubeo. ¶ Et q̄r
h aqueū vehemēter a sicco apphēsuꝫ ē siccus ꝛ
dur⁹ lapis valde. ¶ Lux aūt sub tecto soli ei⁹
ꝑs immittit: ꝛ ꝑs ei⁹ in vmbra tenet: ꝓijcit reflec
tēdo pulcerrimos colores yridis sup̄ oppositū
parietē. vel sup̄ aliqd̄ corp⁹ ꝑpt qd̄ yris vocat
¶ Aliq̄d āt sīle huic nascit i gipso qd̄ ē ꝑspicu
um in extremis ꝛ scissibile valde. ꝛ vtuntur eo ꝓ
vitro quidā in vitris

Capitulum. lxviij.
Iscultos ꝛ Jena. Alb. ꝛ Isi. Iscultos
ē lapis croco sīlis Lapis in vltimis hi
spanioꝝ ꝑtib⁹. freq̄nti⁹ inuenit iuxta ga
des herculis. iij. ꝛ iiij. climatibus iuxta
hyspaniam illā quā modo hyspaniā vocamus

Operationes.
¶ Est āt lapis filabilis ꝓpter viscositatē i eo are
factā. ¶ Et si de eo fiat vestꝫ nō cōburit. sed ex
igne purgat ꝛ nitet. ¶ Et forte illud qd̄ germa
ni vocāt salamādre. q̄r hec lanugo q̄ inde colli/
git ē sicut lanugo lapidis humidi. q̄re āt nō cre/
mat in metheoroꝝ expeditū ē. Hui⁹ speciē quā
dā dicūt esse quedā lapidē: quē quidā vocāt car
bunculū albū: Imitat carbunculū in hoc ꝙ fā
tasmatib⁹ ꝛ presagijs resistit. ¶ Valet cōtra do

oculi ei⁹ in lapidē vertunt totaliter. ¶ Ai
Enax ꝛ Aayen. ꝙ positus sub lingua co
diuinando dicere futura.

Capitulum. lxix
Acabrates. Kamā. ꝛ Kenne. Alber
k kacabrates ē lapis simile cristallo

Operationes
¶ De eo fert ꝙ eloquētiā dat ꝛ honorē ꝛ gr
vꝫ ꝯ hydropisim. ¶ Itē Alb. Kamā ē lapis
quēter alb⁹ in toto vel in ꝑte. vari⁹ ē in color
frequētissime inuenit immixtus onixi mo.
Virtus q; ꝛ fert ex ima ginib⁹ ꝛ scripturis q̄ i
niunt i ipo ex sigillis. ¶ Enax in lapidario
Kenne ē quidā lapis multū car⁹ regib⁹. qui
nerat in oculis ceruoꝝ in oriēte. qui cū serpē
comedūt deponētes seniū vt fortiores fiant
trāt flumē vbi morāt imersi vsq; ad caput. t
diu q̄usq; sentiāt ꝟtutē veneni separatā in te
lacrimā emittunt. que coagulata in oculis in
dum vsq; ad magnitudinem nucis desicca
donec cadat cum de flumine exierint. ꝛ sic in
nitur. Et hec dicitur venenorum tyriaca.

Capitulum lxx.
Arabe. Pā. ca. ccxxviij. Karabe ē g
k mi arboris. vt gēma vn̄ anuli fiunt
electrū succinū et karabe sub eodem
nunt. q̄r electrū ē karabe ꝛ succinū ē karabe

Operationes.

アルベルトゥス・マグヌスの記載では iscustos《イスクストス》 となっている schistos《スキストス》 は、ギリシア語で「割れる、裂ける」の本来の意味から、脆い性質の石であることがわかりますが、例のプリニウスも、『博物誌』第三六巻・一四四〜五節で、その脆さも含め「スキストスと赤鉄鉱《ハエマティテス》とは密接に関係している」旨を述べ、いろいろの共通したすぐれた薬効を記載し、スキストスのほうが弱い性質であるが、そのサフラン色をしたほうの石が何かにつけて最も適したものである、と記述しています。しかし、「この石が衣服の中に入れられるなら……」（これに関してはさきの09アスベストスも参照してください）という上記・本文の叙述はプリニウスには見当たりません。が、第三七巻のカルブンクルス（カーバンクル石、紅玉 Al_2O_3。第九二〜四節）のところまで読み進みますと、この石が不燃性の石であること、また「白い紅玉」と呼ばれるものがあり、このプリニウスの描写が上記・本文の指摘とよく整合しているように思われてきます。しかしどうみても、砕けやすく脆いスキストスと非常に硬度の高いカーバンクル（コランダム Al_2O_3 の一種）とでは整合性がなく、本文の叙述には混同・混乱があるとしか考えられません。

さて、スキストス石の見つかる地域ジブラルタル海峡のスペイン側の地域については、第Ⅱ部[50]を参照してください。

26 カブラテス（黒玉） ▼I-38／II-[40][52] KABRATES

もしあなたが、親切な心や敬意のある気持ちをもちたいと思うならば——Kabrates《カブラテス》と呼ばれる石を取るがよい。これは水晶の石に似ている。エヴァクスやアーロンのような古代の賢者たちは、カブラテスが人を雄弁にし親切にし敬意をもつようにすると言っている。さらにそれはすべての水腫症を癒《いや》す力がある、といわれている。

カブラテスとは、ギリシア語gagatēs《ガガテース》（黒玉。小アジアのリュキアにある町ガガスに由来か）のアラビア語訛り（英語はjet）であるが、しかしここでの石はどうも石英結晶体（SiO_2の組成）のようです。

27 クリュソリトゥス（クリソライト、貴橄欖石）

▼II-[23]

CHRYSOLITHUS

もしあなたが、幻想とか愚かさを追い払いたいと思うならば——Chrysolithus《クリュソリトゥス》と呼ばれる石を取るとよい。それは、アーロンやエヴァクスが薬草《ハーブ》や石の性質を示す書物のなかで言っているように、Attemicus《アッテミクス》に同調するパワーをもっている。この石が金《きん》にはめて携えられるなら、それは愚かさを追い払い、幻想を駆逐する。それは知恵を授けるとも主張されている。また恐怖に対して有効である。

その名もギリシア語由来のChryso-《クリューソ》（黄金の）lithos《リトス》（石。lithos→ラテン語綴りはlithus《リトゥス》）の合成語、つまり例のマルボドゥスが、「クリソリトゥスは、黄金のようにきらめき炎のように輝く。／海の色にも似て、何か緑のものを写したようでもある。この石を金《きん》にはめこむと、護符になるとされている。／夜の恐怖に対しては、力強い保護者となる。／……／悪魔たちを追い払い、彼らを懲らしめてくれるという。／この石は、左腕にはめて身につけるのがふさわしい。／この宝石はエティオピアからくると聞いている」とやや具体的に描写しています。クリソリトゥス（英語はchrysolite《クリソライト》）はオリィビンの（淡）緑色結晶体2(Mg,Fe)O.SiO_2であり、プリニウスの描写では、黄色い透明石（トパーズ。Al_2FeSiO_2の組成）となっておりますが、しかし後世には、その名は別の石におきかえられました。前にペリドニウスのところで少しそれに触れたところです。

　ところで、本文中に出てきたAttemicusという得《え》体の知れない中世ラテン語ですが、これは別のラテン語テキストにはaretico《アレティコ》と出ているようなもののようで、この語がarterica《アルテーリカ》（つまり「気管支炎、喘息」）の崩れた形になったものと思われます。ついでに申しますと、古典語からくずれていった中世ラテン語に関しては、世界的に最もすぐれた信頼できる辞典はまだ世に出ず、さらにあと何十年かはかかるものと思われます。余談はこの辺にして次の項目に進みましょう。

28 ゲラキデム（ゲラキテス、ヒエラキテス、鷹《たか》石） ▼Ⅱ-[38][45]

GERACHIDEM

もしあなたが、他人の意見とか思っていることをうまく判断したいのなら――Gerachidem《ゲラキデム》と呼ばれる石を取るとよい。それは黒い色をしている。誰かにそれを口の中に保たせるとせよ。すると、これはそれをもつ人を楽しく好意的に、またすべての人たちによく思われるようにしてくれよう。

アルベルトゥス・マグヌス自身の『鉱物書』中の記載はGerachidemですが、正書ではgerachites《ゲラキテス》となるところ。プリニウスには（古典）ギリシア語のhierax《ヒエラクス》「鷹」にちなんで（石の黒っぽい灰色から鷹を連想）hieracitis《ヒエラキーティース》（鷹石）とあるのを中世ラテン語ではh→gと訛ったわけです。が、ギリシア語のhieraxにあたる古典ラテン語はfalco(n)《ファルコン》（鷹）で、また同じくその鳥にちなんだfalcoという石は、アルベルトゥスでは別名arsenicum《アルセニクム》で呼ばれました。しかし有害な砒素を含んだarsenicum（砒素石）を、いくら幸福感にひたれるeuphoria《ユーフォリア》（＝euphony《ユーフォリ》「幸福感、多幸症、麻薬の陶酔感」←ギリシア語eu-《エウ》「良く」phoros《フォロス》「進める、はかどらせる」）を求めるからといって口中に入れるべきではないのですが、一種の麻薬石だったのかも（?!）しれません。

29 ニコマル（アラバスター、雪花石膏） ▼II-[64] NICOMAR

もしあなたが勝利と友好関係とを手に入れたいと思うなら——Nicomar《ニコマル》と呼ばれる石を取るがよい。それはAlabaster《アラバステル》と呼ばれるものと同じである。これは大理石の一種であり、白くて光り輝いている。死者を埋葬するために使われる軟膏用の箱はその石でつくられる。

その石は組成が$CaSO_4$の石膏で、彫りものがいとも容易にできることはよく知られています。が、この石のやや詳しい説明は第II部［64］にまわしたいと思います。

30 クィリティア ▼II-[76] QUIRITIA

もしあなたが、眠っている人が自分のしてきたことをあなたに告げ知らせてくれるようにしたいと思うなら——Quiritia《クィリティア》と呼ばれる石を取るとよい。この石は、タゲリ鳥か黒チドリの巣の中に見出される。

ここに出てくる鳥をめぐってタゲリ（学名は*Vanellus*《ウァネルス》 *vanellus*《ウァネルス》、オクスフォード版の英語はlapwing《ラプウィング》）かヤツガシラ（学名は*Upupa*《ウプパ》 *epops*《エポプス》、英語はhoopoe《フープー》）か、その他のもののやや詳しい検討も、第II部［76］ですることにします。

31 ラダイム ▼II-[77] RADAIM

もしあなたが、誰かある人の何かを手に入れたいと思うならば——Radaim《ラダイム》と呼ばれる石を取るがよい。それは黒くて光り透き通っている。さてこの石というのは、蟻《あり》たちに、雄鶏の頭の食用部分を食べるように与えるとき、ずっと時間が経った後に、その雄鶏の頭の中に発見されるものなのである。してまた、その同じ石はDonatides《ドナティデス》とも呼ばれている。

Radaim《ラダイム》といいDonatides《ドナティデス》といい、そういった石は、古典ギリシア・ラテンのどの文献または辞書にも見出されない言葉ですが、実際に諸国を広く歩きまわり経験・知見を豊かにしたアルベルトゥス・マグヌスの眼識は、雄鶏に関する世の不思議な知識を残らず記載しようと努力しました。オクスフォード版の注によると、ラダイムやドナティデスは、前にご紹介した雄鶏石（アレクトリア）の変形・別形とでもいえるようですが、それはともあれ、さらに現在の自然博物館でほんとうにクリーンにされるべき骸骨（スケルトン）を獲得するには、さきのアリならぬ腐肉食いのカブトムシ（学名 *Demestes*《デメステス》 *larda-rius*《ラルダリウス》）を用いている、とうことも付注しております。

32 リパレア ▼II-[55] LIPAREA

もしあなたが、どの猟犬も猟師も野獣を何ら傷つけることなく、捕獲したいと思うなら——Lipa-rea《リパレア》と呼ばれる石を野獣たちの前に置くのがよい。それらはすぐに石のほうに向かって走り寄る。この石はリビアで発見されるが、すべての野獣は、この石が自分たちの防禦者《ぼうぎょ》であると思い、そのほうに走っていく。その石は、どの猟犬も猟師も野獣たちを傷つけないようにするのである。

さきの数例の石には沈黙して語らなかった例のマルボドゥスも、このリパレアに関しては次のように語っています――「スキティアのいくつかの地域で、この石はリパレアと呼ばれており、／石それ自身が、あらゆる種類の野獣、すなわちいつもは狩人が／苦労して追いかけている野獣を、自分のところへと誘導する。／それゆえ、この石を持っている人は、犬たちを走らせたり、鋭い注意力を使って／森の中を捜しまわりながら野獣を追いかけたりする必要はない。／獲物を打ち取るには、槍を振りあげるだけで十分である」と。プリニウスが伝えるもの（『博物誌』第三七巻・一七二節）も参考までに申しますと――「リパレア石を焼くと、すべての野獣は、その煙りのため隠れ家から追い出される」とあります。それぞれの時代によって人により、地域によって、ニュアンスがちょっとずつ違ってきますが、とにかく参考にしてみてください。

33 ウィリテス（黄鉄鉱） ▼II-[94] VIRITES

もしあなたが、火を用いないで誰かの手に火傷《やけど》を負わせたいと思うなら――Virites《ウィリテス》と呼ばれる石を用いるとよい。それは、われわれが以前Principen《プリンキペン》 apii《アピイー》と呼んでいたものである。それはまさに火であり、火といえるものである。もし誰かがこの石をきつく握りしめるならば、それはすぐに彼の手に火傷を負わせる。あたかも実際の火で火傷するのと同じである。それは驚くべきものなのである」と。

Virites《ウィリテス》とあるのは、さきのペリドニウス（第Ⅰ部04の石）の箇所でみたpyrites《ピュリーテース》（ラテン語の「火打ち石」←ギリシア語pyr《ピュール》「火」。英語はpyrite《パイライト》（「黄鉄鉱」、組成はFeS_2つまり硫化鉄）の訛ったものですが、Principen《プリンキペン》 api《アピイー》については第Ⅱ部［94］を参照してください。

34 ラピス・ラズリ（瑠璃《るり》） ▼II-[95] Lapis Lazuli

もしあなたが、誰かある人の憂鬱症《メランコリー》とか四日熱を治したいと思うならば――Lapis Lazuli《ラピス ラズリ》と呼ばれる石を用いるとよい。それは天空の色（青色）に似ていて、その中に金《きん》の小さな粒々が混じっている。そしてこの石がメランコリーや四日熱を治すというのは、確かでまた実証済みのことである。

瑠璃（青色の宝石）の放つ何とも言えぬクリアーな青色のオーラは、またlapis《ラピス》（石）・lazuli《ラズリー》（←ペルシア語lazhward《ラーズワルド》「青い色」。英語のazure《アズア》。古代インドのサンスクリット語vaidūrya《ヴァイドゥーリア》も同系）のlazuli色。この色を主体とするオーラがどんよりと黒ずんだ（melan《メラン》）胆汁（chole《コレー》）によるメランコリーや、一種のマラリア性胆汁熱である四日熱（四日目の周期で比較的長期に熱の出る秋ぐちに多い熱病で、マラリア熱でいちばんよくおこるタイプ）を調整してくれるのでしょうか。この石（英語ではlazurite《ラズライト》）の組成は$(Na,Ca)_8(S,Cl,SO_4)_6$ですが、よく例のpyrites《ピュリーテース》（黄鉄鉱FeS_2）の黄金色の粒が混じることがあります。

㉟ スマラグドゥス（エメラルド） ▼II-[86] SMARAGDUS

もしあなたが、誰かの理解力を鋭く素早いものにし、彼の富を増やし、未来のことを予測したいと思うならば――Smaragdus《スマラグドゥス》と呼ばれ、英語でEmerald《エメラルド》と呼ばれる石を取るがよい。それは非常にきれいに透き通っており輝いており明瞭である。しかし黄色のものが緑に次いでより良いものとなっている。この石はグリフォン（英語Griffon＝Griffin《グリフィン》「ワシの頭・翼・爪とライオンの胴体をもつ怪獣」）の巣から取り出される。石は安楽と救いをともに与え、身につけて持ち歩くと、それは人をものわかりよくさせ彼の記憶力を強くし、それを携帯する人の富を増《ふ》やしてくれる。もし誰かがそれを舌の下に含めるならば、彼はただちに将来のことを予測することができるようになるであろう。

ところで、アルベルトゥス・マグヌスがviridissimus《ウィリディッシムス》（非常に緑色である）としていたものを『秘密の書』

...nta lapideo sarcofagi sunt vocata.

Operationes

Samius. Alb. Fertur aūt ꝙ samius porta
o vertiginē sedat: ⁊ mentē solidat. habere aūt
c viciū dicit ꝙ alligatus in coxa parturien
s impediat partū. Hoc similiter ait Atabari

Capitulum. cxiiij.

S Maraldus: alias smaragdus. Alber
tus in lapidario suo. Smaraldus la-
pis est preciosior multis aliis: ⁊ non ra
us. ⁊ color eius est viridissimus translucens:
ta ꝙ vicinum aerem sua viriditate figurare vi
deatur. Et melior est planicies superficiei. qr
na pars nō obumbrat aliam. Melior tñ est
nec lumine nec umbra variat. Huiꝰ planiciei
colores varietatum dicunt esse diversitates. iiij

¶ Quando smaraldus p
nit venenis mortiferis ⁊ n
punctionibus habentibu
¶ Qui ergo dederit in po
pondus. viij. granorum
venenum anteꝗ̃ fecerit
eum a morte. ⁊ non cader
corientur: ⁊ est sua evasio
tere ipsum preservat eius
et conservat eum incolum
¶ Et qui defert ipsum in
ab epilentia quando duc
superveniat.
¶ Et propter hanc causa
suspendant eos in collo f
tur statim: ne superveniat
¶ Et idem auctoritate R
ruzegi idest smaraldus. c
do sumitur in potu limat
aspectus tyri super lapid
buntur oculi eius et lique
¶ Dyasco. ca. de smarald
tatus auget substantiam
in omni negotio corpore
tosq; facit. subvenit ⁊ in t
tur in eo scarabeus: perti
¶ Alber. in lapidario suo
pertum est nostris tēpori
viridis ⁊ bonus est: retine
rex ungarie qui nostris t
gito in hora coitus cum v
coitu: in tres partes divi
¶ Et ideo probabile est q
gestantem se ad castitate
¶ Unde auget opes: ⁊ in
persuasoria. ⁊ ꝙ collo susp
teum ⁊ caducos morbos
¶ Expertum autem est ꝙ
tat: ⁊ oculos conservat.

ではラテン語テキストの編者はmundissimus《ムンディッシムス》（非常に明るくきれい）としたことや、さらにまた黄金についてのグリフィン物語などについての指摘も注にはあります。私見では、例のプリニウスの『博物誌』第三三巻・六六節に出てくる「スキタイではグリフィン（黄金を守る怪獣と信じられていた）たちによって金が掘り出される」という簡単な記載が、あとになって宝石中の宝石ともいえる貴重なエメラルドを守るグリフィン物語に、ここでは転用されたのだと思います。何といってもスキタイ地方産出のエメラルドほど、「これ以上に緑の色が深く、瑕《きず》のないものはほかにない」と賞賛されてきたものですから。

36 イリス（虹石、虹色水晶または透明石膏） IRIS

▼II-[49]

もしあなたが、虹を出現させたいと思うならば——Iris《イーリス》と呼ばれる石を用いるとよい。それは角《つの》ばった四角の水晶に似た透明の石である。この石が太陽の光線のなかに置かれるなら、ターン・バックさせることによって、それは虹の橋を壁面にかけさせることができうる。

イリスという石はギリシア語のiris「虹」からきていることは周知のとおり。ここでは明らかにプリズムに用いられる透明の水晶のことであり、アルベルトゥス・マグヌス自身の『鉱物書』でも六角

「スマラルドゥス」（＝スマラグドゥス、右上図）その他▶
『健康の園』（Hortus Sanitatis）、1499年版

形の石として当然「水晶《クリスタル》」（六角錐の石英 SiO_2）を意味しているはずであります。が、しかし『秘密の書』本文では四角とあり、そうするとこれはほかならぬ selenite《セリナイト》（英語「透明石膏」←ギリシア語 selēnē《セレーネー》「月」。組成は $CaSO_4$）の双晶体では(?!)。というのも、さらにそれは、まさに本文のとおり角《つの》状になっているということにも符合するからです。ちなみに一方、例のマルボドゥスの宝石詩を参照すると、虹石について彼は次のように美しくまとまった描写をしています——「イリスはアラビア人がもたらすが、産地は紅海である。／クリスタルに似ており、その六角の形は、／きらきらと輝き、この名の言われとなった虹をつくる。／というのも、太陽のまっすぐな光線のもとに置かれると、／近くの壁はさまざまな色に染められ、／輪になった天の弓の像が描かれているからである」と。昔から虹の橋のたもとにたたずむ人の心には一種のすがすがしい天来の香気がただようと云《い》われてきた虹の功徳《くどく》を思いおこしてみてください。

37 カラジア（雹《ひょう》石） ▼II-[42] CHALAZIA

もしあなたが、石を決して熱くなることのないようにしたいのなら——Chalazia《カラジア》と呼ばれる石を取るがよい。それは雹の形、ダイアモンドの色と堅さをもっている。もしこの石が非常に大きな火の中に入れられても、それは決して熱くなることはないだろう。そのわけは、この石の中が相互に非常に小さい狭い通路の穴しかもっていないものだから、熱の粒子が石本体の中に突き進めないからである。それでアーロンやエヴァクスも言うように、身につけられたこの石は、神の激しい怒りとか、熱い情欲その他の激情とかを中に入り込ませないようにうまく和らげてくれるのだ。

さて、世界最古の伶詩人とうたわれたオルフェウスの名をとったあの宝石賛歌『リティカ』（紀元四世紀）も、最後のほうで（全七七四行中の七五八〜七六一行）この石の力に触れ、「汝、聖なるカラジオスよ。私は汝を試すことを／心の中で考えた。そして汝の力が非常にすぐれていることがわかった。／汝は火のような熱病も冷やしてくれるし、／サソリに刺された私をも助けてくれた」とまでうたい、その不思議な治癒力は、長きにわたっていろいろと誇大評価されつづけてきました（ちなみに、chalazia《カラジア》, chalazios《カラジオス》←ギリシア語 chalaza《カラザ》「雹」）。

38 ガガテス（黒玉） GAGATES

▼II-[40]

もしあなたが、自分の妻が誰か既婚の男と夜の床をともにしたか否かを知りたいと思うなら——

Gagates《ガガテス》、つまりKakabre《カカブレ》と呼ばれるものと同じ石を用いるがよい。それは、リビアとか、世界の中で最も有名な島であるブリタンニア、この島の中にはイングランドとスコットランドの二つの国が含まれているが、その島とかで見出されるもの。この石には、黒いのとサフラン色（黄色）の二種がある。灰色のものでうすい黄色に変わるものも見いだされる。ガガテスは水腫を治し、また弛《ゆる》んだ（下痢ぎみの）腹を締めてくれる。アヴィケンナの言うには、この石が砕かれ洗われて、それを飲むよう女性に与えられる場合、もし彼女が処女《バージン》でないならば、彼女はすぐに小便をするであろうが、バージンであるなら小便をしないであろう。

言葉の上ではギリシア語のGagates《ガガテース》（小アジア・リュキアの町Gagai《ガガイ》から産出）はアラビア語Kakabre《カカブレ》となったり、近代ヨーロッパへはGagates→フランス語jayet《ジャイエ》→英語jet《ジェト》と訛って伝承されてまいりました。さて本文中のサフラン色をしたガガテスの件ですが、どうやらこれは、いくつかの共通点のために、黒玉の二種類のうちの一つが明らかにコハクと混同されているのが目立ちます。その点やいろいろ変わった薬効などの件については、第Ⅱ部［40］をご参照くだされば有難いと思います。

39 ドラコニテス（蛇石） ▼II・[30] DRACONITES

もしあなたが、自分の敵を打ち負かしたいと思うなら——大蛇の頭から取り出されるDraconites《ドラコーニーテース》と呼ばれる石を用いるとよい。その石が生きたままの大蛇から引き出されるなら、それはすべての毒に対して有効である。この石を左腕に付けると、彼はすべての敵に勝利するであろう。

ドラコニテスの語源であるギリシア語のdrakon《ドラコーン》（大蛇）には、古代インドのサンスクリット語dasç《ダルシュ》（見る）にまでさかのぼるインド・ヨーロッパ語族（ギリシア・ラテン・英・独・仏などもその系統語）の意味もからんでくるのですが、とにかくdrakon（←derkomai《デルコマイ》「はっきりと見る、感知・理解・会得《えとく》する」）の予言・予知能力が、ギリシア語では古代ギリシアの最高の神託所を守る大蛇ピュートー（Pythō）の予言力を結集したと思われます。本文にドラコニテス石の予言力が直接に云々されているわけではありませんが、千何百年後に書かれたこの蛇石に相当するものが、ほかならぬ化石として出土したアンモナイト石（ammonite）、つまりAmmon《アンモーン》にちなんだ石だったのです。古代エジプトの神Amūn《アムーン》→ギリシア語Ammōn《アンモーン》→ラテン語cornu《コルヌ》 Ammonis《アンモーニス》 Jovis《ヨウィス》→英語horn《ホーン》 of《オブ》 Jupiter《ジュピター》 Ammon《アモン》と経てきた石が、蛇がとぐろを巻いているようになっている不思議なアンモナイト石にほかなりませんでした。Jupiterとは古代ギリシア最高の神に相当する古代ローマ神話上の最高神だったことをご勘案ください。

40 アエティテス（鷲《わし》石） ▼II-[31] AETITES

もしあなたが、二人の間に性愛を引きおこしたいと思うなら――（ギリシア語風に）Aetites《アエティテス》（← aetos「鷲」）と呼ばれる石を用いるとよい。それを（ラテン語風に）Aquileus《アクィレウス》（aquila「鷲」）と呼ぶ人もいる。そういうように鷲という名をつけるわけは、鷲たちがこれらの石を自分たちの巣の中に置いておくためである。石は紫色をしている。それは海洋の岸の近くに見出されるが、ときにはペルシアでも。それらの石はいつもそれぞれの中に別の石を入れている。動かすとその中で音がする。古代の賢者たちの言うには、この石が左肩にかけられるなら、石は夫と妻の間に性愛をもたらすのだ、と。それは妊娠している女性たちにとっても有益であり、流産を防止してくれる。石は恐れを抱かせる危険を和らげるし、言われるところによると、癲癇症状をもつ人たちにも有効である。カルデア地方の人々の言うには、もし毒があなたの食べる肉の中に入れてある場合に、もし前述の石が肉の中に入れてあるなら、その石が肉を呑み込むことを（窒息することによって）防いでくれるのだ、と。その場合、もし毒が取り出されるなら、肉はすぐにすうっと呑み込まれていくというわけである。そして私は、この後者のことが私どもの仲間の一人によってしっかりと試されたのを目撃した。

中に卵をはらむ石は、そのイメージから当然、愛の結晶、妊娠、豊穣多産と関連づけられていったと思われます。それにつけても、「石は恐れを抱かせる危険（を和らげる）」と訳せる原文ラテン語のperterritonis《ペルテリトーニス》は、じつはアルベルトゥス・マグヌス『鉱物書』のparturitionis《パルトゥリティオーニス》（出産の危険）を誤って読んだ結果と考えられることを付け加えておきましょう。そうした過ちは、写本ではちょくちょくあることですが。

41 ヘファエスティテス（ヘファイストス石）

▼I-20／II-[34]

HEPHAESTITES

もしあなたが、人を信頼させようと思うなら——Hephaestites《ヘーファエスティーテース》と呼ばれる石を用いるがよい。それは海の中で見出される。これは輝いており、赤らんだ色をしている。さてアルコラートの本には次のようなことが述べられている——もしこの石が心臓の前のところで体《からだ》につけられるならば、これは人を信頼させ、すべての騒乱や不和をおさえ和らげてくれる、と。また次のようにも言われている。つまり、この石は、長い後足をもった昆虫（ハエ科のもの、あるいはバッタ類）や、触れると穀類を焦げ枯らし残ったものをがつがつ食べつくしてしまう小虫、そして鳥や雲や雹《ひょう》、その他、大地の果実に猛威をふるうものらの力を和らげてくれる、と。そしてまた後代の賢者たちやわれわれの信者仲間のある人たちによって実証されてきたことに次のことがある――この石が太陽の光線に向かって差し出されるなら、それは燃える火の光線を出す。かくして、この石が煮えたぎる水の中に入れられるなら、その煮えたぎりはすぐ止まり、しばらくするとその水は冷たくなるだろう。

ヘファイストス石のことはすでにさきの[20]（第Ⅰ部）で述べたところですが、そこでの本文は、いわばここでの文の一部と考えてよさそうです。

ところで、ここでのアルコラート（Alchorath）の本のことですが、ここの事実の同定はできないものの、言葉の由来としてはHippocratēs《ヒポクラテース》→Harpocration《ハルポクラティオン》→Arpocrationis《アルポクラティオーニス》→Alchoratというプロセスを経たことが十分考えられ、例の「医学の父」ヒポクラテスの本を指しているのでしょう。しかし現存するヒポクラテス全集には、このような記載の入り込む余地は全然ありません。念のために。

42 ヒュアキントゥス（ヒアシンス石）

▼II-[48]

HYACINTHUS

もしあなたが、他国の人たちが、信頼をもって安全に出歩けるようにお望みなら——Hyacinthus《ヒュアキントゥス》、英語ではJacinth《ジャシンス》と呼ばれる石を用いるとよい。それには多くの色の種類がある。緑色のものが最上である。それは赤い石目をもっていて、銀（の指輪）にセットされなくてはならない。ある本の中では、これには二種類あり、それらは水様のものとサファイア（様）のものである。水様のヒアシンス石は黄白色、サファイアのほうは水様の性質をもたず、非常にきらきら輝いた黄色で、これがより良質のものである。そしてこの石については、賢者たちの書いた著書のなかに、これが指や首につけられると、他国の人たちを信頼深くさせ、彼らの客人たちは快く受け入れてもらえる。またこれはその冷たさゆえに眠りを誘う。サファイアヒアシンス石こそはまさにこの性質を立派にそなえているのだ。

この本文中にある黄色には、どうやらラテン語のテキストの誤写があったようです。アルベルトゥス・マグヌスがblavus《ブラーウス》（青い。英語のblue《ブルー》はこの中世後期のラテン語blavusから変化してきました）と書いていたそのb《ブ》をf《フ》と誤ってflavus《フラーウス》（黄色い）にしてしまったからです。さらにまた、宝石そのものにもある種の混乱、つまりサファイアとヒアシンス石の取り違いがあったようです。ご参考までに。やや詳しいことは第Ⅱ部［48］で申しあげます。

43 オリテス ▼Ⅱ-[69] ORITES

もしあなたが、いろいろの事故や致命的な咬み傷から安全に救われたいと思うなら——Orites《オリテス》と呼ばれる石を用いるとよい。これには三種類あり、一つは黒く、もう一つは緑、第三のものは表面が粗い部分と平らな部分とがあり、平らな部分の色は鉄板色に似ている。ところで緑の石には白い斑点がついている。こちらのほうの石を身につけると、いろいろの事故とか死の危険から守られる。

この本文オリテス（orites←ギリシア語oros「山」）をもっとずっとわかりやすく紹介しているものに、例のこれより二〇〇年も前に書かれたマルボドゥス宝石賛歌があります——「黒くて丸いオリテスは、／野獣の角《つの》や残酷な牙で受けた致命的な咬み傷を、／バラ油やオリーブ油と混ぜて使うと、完全に治してくれる。／野獣のいる中を通って未開の荒野を歩いて行く人は、／野獣が追い払われることによって、無傷でいられる。／もう一つのオリテスは緑色で、白い斑点をもっている。／どこへ持っていっても、これは逆境に抵抗してくれる。／第三のオリテスは、さらに重要だという評判がある。／ある部分は非常にでこぼこで、鋲《びょう》を打ったようであり、／ある部分は、まるで鉄板のように滑らかである。／この石をぶら下げていると、女性が妊娠しないように作用し、／すでに妊娠しておれば、すぐに堕胎するように作用する」という叙述です。

プリニウスが言うには（『博物誌』第三七巻・一七六節）、オリテスはシデリティス（菱鉄鉱←ギリシア語 sideros《シデーロス》「鉄」）と同じですが、いずれにしても、本文にある第三のものはどうやら磁鉄鉱の可能性もあります。

44 サピルス（サファイア） ▼II-[79] SAPPIRUS

もしあなたが、ほかの人と仲良く平和的にしたいとお望みであるなら、――Sapphire《サファイアー》と呼ばれる石を用いるとよい。それは東方からインドに持ちこまれた。黄色のものが最上であるが、そんなに明るく輝いてはいない。この石は仲良く調和し和合させてくれる。これは心を純粋にし、神に対して信心深くし、心を善のほうに強く導き、人の内なる情欲の火熱から冷やしてくれるのである。

サファイアについては第Ⅱ部［79］をご参照ください。また、その語源と効力に関しては、別著『ヒルデガルトの宝石論』（第四章）で詳しく述べたので、それを参照してくだされば有難いと思います。

45 サミウス ▼Ⅱ-[84] SAMIUS

もしあなたが、めまいを治したいと思うならば――Samius《サミウス》と呼ばれるサモス島産の石（粘土の固まったもの）を用いるとよい。この石は、それを所持する人の心をしっかり固めさせる。しかし陣痛に苦しんでいる婦人の手に結びつけると、これは出産をさまたげ、お腹《なか》の中にとどめてしまう。それゆえ、こういう出産の場合は、この石が婦人に触れることはかたく禁じられている。

ここは正確にはTerra《テラ》 Samia《サミア》「サモス産の土」、つまり土（terra）、いやterraというラテン語は泥とか粘土などの意味にも広く用いられ、さまざまな土のいろいろなすばらしい薬効が古くからうたわれてきました。古代ギリシア～ローマ時代の医聖ヒポクラテス～薬聖ディオスコリデスのギリシア語論文にはラテン語のterra《テラ》ではなく、ギリシア語のgē《ゲー》とかlithos《リトス》が用いられていますが、それら数々のすぐれた薬効がすでに実証済みであります。現代の科学時代にも、西欧はもちろん日本でも近ごろとくに粘土類の粉末療法が云々《うんぬん》されるようになりました。

＊

さて、以上をもって、かなり長すぎたきらいもあった第I部・全四五種の石の効能書きを終わるわけですが、われわれの『秘密の書』「鉱物篇」は、さらにすこしばかり語をついで、次のように重要な言葉を述べております——「あなたは、さらに多くの他の同様なものを、アーロンやエヴァクスの鉱物書のなかに見出すであろう。しかしそれらすべてがどう役立つかは、いつにかかって次の一点にある。つまり、よい効能を願ってそれらのものを身につけ用いる人は、すべての汚染、すなわち身体内の不浄からきれいになる（身体内を浄化する）ということにあるのだ」と。

第II部

アルベルトゥス・マグヌスの『鉱物書』宝石篇［全96種］

Albertus Magnus:
De Mineralibus

D. ALBERTI MAGNI,

RATISBONENSIS EPISCOPI,

ORDINIS PRÆDICATORUM

LIBER PRIMUS

MINERALIUM.

TRACTATUS I

DE LAPIDIBUS IN COMMUNI.

CAPUT I.

Quæ est intentio libri, et quæ divisio, modus et dicendorum ordo.

De commixtione et coagulatione, similiter et congelatione et liquefactione et cæteris hujusmodi passionibus in libro *Meteororum* jam dictum est. In quibus autem isti effectus prius apparent apud res naturæ, lapidum genera sunt et metallorum, et ea quæ media sunt inter hæc, sicut marchassita, et alumen, et quædam alia talia. Et quia illa prima sunt inter composita secundum naturam ex elementis, utpote ante complexionata existentia quæ animata sunt, ideo de his proxime post scientiam *Meteororum* dicendum occurrit: parum enim videntur abundare ultra commixtionem simplicem elementorum. De his autem libros Aristotelis non vidimus, nisi excerptos per partes. Et hæc quæ tradidit Avicenna de his in tertio capitulo primi sui libri quem fecit de his, non sufficiunt. Primum ergo de lapidibus, et postea de metallicis, et ultimo de mediis inter ea faciemus inquisitionem : lapidum quippe generatio facilior est, et magis manifesta quam metallorum. De lapidum autem naturis plurima in genere dicenda occurrunt, quæ in primis ponemus. Deinde vero de lapidibus in specie qui magis nominati sunt, disputabimus. Coarctabimus autem sermonem nostrum, eo quod multorum dicendorum hic causæ jam in libro *Meteororum* determinatæ sunt. In genere autem de lapidibus tractantes inquiremus in genere materiam lapidum, et proprium efficiens eorum proximum, et locum ge-

まえがき——第Ⅰ部から第Ⅱ部へ

簡単に言ってしまえば、第Ⅰ部で取りあげた秘密の事柄なんて、何のことはない、現代の合理的科学知識で容易に真偽のほどが片付けられるものばかり、つまり、大抵は迷信とか無知からくるものとして、一刀両断で断罪してしまえるものばかりだ、となるかもしれません。子供じみた浅薄な不思議物語、暗黒・蒙昧な中世の馬鹿話、この忙しい世にそんな話につき合っている暇なんてあるものか、それに第一、めぼしい医薬的効果など、そういう無駄話から何が伝わってくるというのか、と叱られることばかりかもしれません。

しかし馬鹿げた秘密の書の話は、じつはあればかりでは終わらず、植物・動物にまで及んでいるのです。つまり、第Ⅰ部で扱ったのは『秘密の書』の「鉱物篇」だけでしたが、まだそのほかにここでは幸いにも扱わなかった例の今はやりのハーブ、つまり「植物篇」だって、さらに「動物篇」、その他だって、そうした馬鹿物語はまだまだ延々とつづくのであります。例えばハーブだったら、話としても面白くて秘密の薬効も大いに期待できるのではと思いきや、あにはからんやChelidonium（←ギリシア語のchelīdōn「ツバメ」。ツバメ草、クサノオウ）一つとってみても、「ツバメが巣をつくるときに芽吹くこのハーブを、モグラの心臓と一緒に持っていると、その人はすべての訴訟にも打ち勝ち、すべての論

『アルベルトゥス・マグヌス
A. ボルネ（Borgnet）編の
第5巻（1890年、パリ刊）『鉱物書
最新の批判校訂版全集（いわゆる「ケルン版」、全42巻予定）は1951年刊
最新の32巻目が2017年に上梓された。本『鉱物書』を収めた巻

争を片付けるだろう。そのツバメハーブを病人の頭の上に置くと、もし彼がこの病気で死んでいくようなら、間もなく大きい声で歌をうたうであろうが、もし死なないのであれば、彼は涙を流すであろう」とか、「動物篇」の冒頭を飾るワシについては、「ワシの脳を砕いて粉末にし、毒ニンジンの汁を混ぜたものを食べた人たちは、大きなワシづかみを見事に演じてみせるであろう」とか、突進する穴グマの脚の骨を身につけて敵を恐れさせ打ち負かすなど、多くはきわめて類感的・原始感覚的な仕草の連続々々。こんなもののどこに真実があるのか、と不思議がる向きも多いことでしょう。しかし、こういうことを大《だい》の大人《おとな》が、しかも中世当代のすぐれた多くの知恵者たちが、何かこれら事柄のなかにひそむ真実に感動さえしていた現実は疑うべくもない事実なのです。しかしよく考えてみれば、活々と生きる深層の生命の測り知れない精神的活力の真実を、計測可能な物質ばかりを追及し扱うことを信条とする合理的科学思考では、そもそもこれを理解しようという試みそのものが破綻してしまうのは、まさしく当然だったのかもしれませんね。そう私が言うからといって、私自身が中世の誇大化された秘密話をすべて信じようなどと言っているのではけっしてありません。私が追及したいのは、鉱物・植物・動物・天体など自然性生物全体の共鳴・共振・協和・調和とそれらの無限の変容神秘の真実問題であり、ただ一心にそれに迫りたいと思うばかりなのです。例えば、われわれ人間の心身一如的生命体のエネルギーの精気そのものを、人工（科学技術）的に物質的観点からばかり分析したり合成したりしようとしてみても、それはその生命体のパワーをますます減弱していくのではないか、という危惧の念が私にはとても強いからです。例えばいちばん簡単な化学的分析と合成をとってみましょうか。

とにかく私ども生物は海とか水から生まれたというほど、これらとは深い生命の絆《きずな》で結ばれています。前にも触れたことがあるのですが、かつて古代ギリシアでは水そのものが根源的元素であり、海の神オケアノス（Ōkeanos《オーケアノス》, Oceanus《オーケアヌス》→英語 Ocean《オウシャン》「海」）は万物生みの親でさえありました。化学的分析が進歩して、水はもはや単一の元素ではなく、水素 H と酸素 O とが H_2O のように結合した化合物であることがわかったのはよいのですが、さてそのただ H と O を、ただ合成して作った人工的な水にどれだけの自然な生命的パワーがあるかどうかが問題なわけです。H_2O 組成の水といっても千差万別、ただ H_2O の水であればいいわけではなく、植物は天然ではなく、人工合成的な水で立派に育つのかといった問題に対し、科学は生きた水の生態学的考察にこれまでどれだけ真剣に取り組んできたのかを私は問いたいわけです。

私どもは合理的科学技術を信じてきました。しかしまた海水にしても、そこから採取した天然の塩を、自然の太陽熱ではなく、人工的に煮沸しただけでも、力強い生命的酵母のパワーが天然塩から失われていくのも知っています。それでも致し方なく煮沸した天然塩を塩として用いてきたのに、現在の日本はイオン膜交換で Na^+ と Cl^- を人工的に合成した純粋塩化ナトリウム（一〇〇パーセント近くのもの）を塩と称して食べてきたし、また今も食べているのです。塩水《しおみず》全体がうまく調和し合っている個々の天然のカルシウム・マグネシウム・マンガンその他のパワーある微量元素をシャット・アウトしているのですから、体内に入ってまろやかにみんなと調和する能力もかなり欠けているのは当然なわけです。とにかく自然は一つとして全く同じものをつくらない千変万化・変幻自在の性質があるのに、人工のものは画一的で反自然の要素が強く、生命的自然の自在さがきわめて少ないわけです。だから自然にとけ込めず、自然を破壊し汚染し、人間の原生命力を徐々に弱体化する方向に科学技術は向かいやすいと思うわけです。医薬技術はどんどん進歩しているはずだのに、自然のルールに違反する攻撃破壊的爆弾療法が多いために、その害をこうむるウィールス・細菌その他の原生命的なものからの反撃をくらい、得体の知れないアレルギー・アトピーその他の病気が横行し、物質的処置に労力を使うあまりに、心、いや心身一如のパワーの強化をお留守にする弊害が、今後はますます加速していくことになりましょう。意識の大変革が求められている深刻な今日《きょう》このごろであります。

話がどんどん本題から離れてしまった観もあるのですが、とにかく私は失われてゆく最も素朴な原生命的なものに立ちかえり、馬鹿げたと思われている迷信とか伝承の内《うち》に宿る生命力あふれるある種の真実を見つめなおす鋭い嗅覚を取り戻したい一心で、このペンを走らせていることを諒とされることを願います。

帝国主義的覇権をほしいままに科学革新技術の時代に、オクスフォード大学出版部があえてこの馬鹿げた(!?)中世不思議物語を世に出したのは、単なる物好きからではなかったはずですし、中世ヨーロッパの知的・精神的世界の最も偉大なる巨匠アルベルトゥス・マグヌスの(自然学を含む)大全集の刊行事業が二〇世紀中葉から営々とドイツ(マグヌスゆかりのケルン)で行なわれてきた現状をも私どもは注目しなければなりません。しかしまた、私ども当面の課題である第Ⅱ部で扱うアルベルトゥス・マグヌス自身の書いた『鉱物書』に関しても、長い沈黙を破って、『秘密の書』オクスフォード版が出る一〇年ほど前に、同じオクスフォードから『鉱物書』全五巻の翻訳(英訳)を含む詳しい注釈付き解説本(Albertus Magnus: Book of Minerals, transrated by Dorothy Wyckoff, Oxford, 1967)が出版されているのです。

◀『鉱物書』初期印刷本(1518年、オッペンハイム刊)
タイトルページ
オクラホマ大学図書館蔵本

ALBERTI MAGNI

Philosophorum maximi de Mineralibus
Liber Primus incipit.

Tractatus primus de Lapidibus in communi.

¶ Capitulū primū de quo est intētio. et que diuisio modus et dicendorum ordo

DE COMMIXTIone & coagulatiōe siīr & cōgelatione & liquefactione & ceteris huiusmodi passionibus in libro metheoroꝝ iā dictū est In quibus aūt isti effectus prius apparent apud res nature/ Lapidū genera sūt & metallorū/ & ea q̄ media sunt inter hec/ sicut marchassita & alu-

TRACTATUS II

DE LAPIDIBUS PRETIOSIS ET EORUM VIRTUTIBUS.

CAPUT I.

De lapidibus pretiosis incipientibus ab A.

Supponamus autem nomina præcipuorum lapidum, et virtutes secundum quod ad nos aut per experimentum, aut ex scripturis Auctorum devenerunt. Non autem omnia quæ de eis dicuntur referemus, eo quod ad scientiam non prodest. Scientiæ enim naturalis non est simpliciter narrata accipere, sed in rebus naturalibus inquirere causas. Ut autem in Latina lingua competentius ordo servetur, secundum ordinem alphabeti prosequamur nomina lapidum, et virtutes eorum eo modo quo mos est Medicis describere simplices medicinas.

In primo capitulo ergo ab A incipientes, novem famosi apud Philosophos inveniuntur lapides, Abeston videlicet, Absinthus, Adamas, Agathes, Alabandina, Alecterius, Amandinus, Amethystus, et Andromanta.

Abeston autem coloris est ferrei, qui secundum plurimum in Arabia invenitur : cujus virtus mirabilis narratur, et in templis deorum est manifesta : eo quod semel accensus, vix unquam poterit extingui, eo quod naturam habet lanuginis quæ vocatur pluma salamandræ cum modico humido unctuoso pingui inseparabili ab ipso, et illud fovet ignem accensum in ipso.

Adamas autem, sicut superius fecimus mentionem, lapis est durissimus, parum crystallo obscurior, coloris tamen lucidi fulgentis, adeo solidus ut neque igne neque ferro mollescat vel solvatur. Solvitur tamen et mollescit sanguine et carne hirci, præcipue si hircus aliquandiu ante biberit vinum et petrosillum, vel siler montanum comederit : quia talis hirci sanguis etiam ad frangendum lapidem in vesica valet infirmis de calculo. Solvitur etiam lapis iste, quod mirabilius videtur, plumbo propter multum argentum vivum quod est in ipso. Hic autem lapis penetrat ferrum et cæteras gemmas omnes, præter chalybem in quo retinetur. Non trahit autem ferrum, eo quod sit proprius locus generationis ejus, ut qui-

Sanguis hirci valet ad lapidem qui est in vesica.

さて、これから第Ⅱ部に移る当たり、第Ⅰ部で扱った数《かず》の倍以上、つまり九六種もの宝石について、それらのもつパワーを、どういう方針で、どういう順序で、書き記していくのかを記述した原典の「宝石篇」、『鉱物書』第二巻第二篇「宝石とそれらのパワー」の冒頭部で、ほかならぬアルベルトゥス・マグヌス自身がどう叙述したかをみていくことにしましょう――

> ではまず、いろいろな宝石の名称とそれらの宝石のもつパワーといったものを、実際の知見や著作者たちの書物によってわれわれに伝えられてきたことに従いながら、次に記述していこう。ただし、学に役立つものでなければ、それらについて述べられているすべてのことを報告することはないであろう。というのも自然学とは、物語られた事柄を単純に認めることではなく、自然物において諸原因を探究していくことだからである。報告順がラテン語でより適切に守られるように、薬草を記載するときによくする医師の習わしに従い、アルファベット順に石の名称と効力《パワー》を書き記《しる》していこう。だから第一章（本書では章立ては省略）では頭文字がAで始まるもの、哲学者たちにその名をよく知られた九つの石、つまりアベストン、アプシントゥス、アダマス、アガテス、アラバンディナ、アレクテリウス、アマンディヌス、アメテュストゥス、アンドロマンタを取りあげよう。

と前置きが付けられています。

同じく「アルベルトゥス・マグヌス」の名は冠《かん》しているものの、第Ⅰ部『秘密の書』は別人の書い

ボルネ版『アルベルトゥス・マグヌス全集』第5巻（1890年刊）▶
『鉱物書』第2巻第2篇
「宝石とそれらのパワー」冒頭
全5巻構成の『鉱物書』のうち、「宝石」を扱う第2巻の第2論考（第2篇）が、
本書第Ⅱ部で扱う「宝石篇」の原典にあたる。

たもの、第Ⅱ部で扱う『鉱物書』はマグヌス自身が書いたもの。しかも自然学研究（錬金術関係のものも含む）の著書のなかには、自分自身がそれを体験したとか、実験したとか、いや経験しなかった、真実でないことを証明した、にせものだった、などなどの学問的・科学的批判精神をところどころに色濃くにおわせ、それまでのたれこめた因習的頑迷固陋《ろう》の排他的な囲いに対して大きな風穴を開け、異教ギリシアの自然学の大家で哲学の最高権威であったアリストテレス哲学をキリスト教世界に大々的に導入・定着させた立役者のアルベルトゥス・マグヌス。しかしその当のマグヌスは、ときには、敬愛おくあたわざる異教の聖者ともいうべきアリストテレスの説をさえ批判する、という厳しい理性の持ち主でもあったわけです。が驚いたことに、マグヌス自身が書いた鉱物書も、それを一読・通読したところでは、例の第Ⅰ部のアンソロジー（anthology「詞華・名文集」）風《ふう》の民間流布本『秘密の書』「鉱物篇」の伝承的叙述内容にくらべて、内容が何ら変わらぬのではないか、とのそしりをみなさんから受けかねないのであります。当の解説者としての私は、それらに対してどう充分に釈明することができるというのでしょうか。

とにかく実際がどうなっているのか、第Ⅰ部の鉱石パワーの叙述との重複をもかえりみず、まず最初のアベストン（第Ⅰ部09アスベストス）からその実態をみていくことにしましょう。

■Aで始まる石（9種）■

[01] アベストン（アスベスト） ▼Ⅰ-09 ABESTON

アベストン（アスベストス）は鉄の色をしており、大抵はアラビアで見つかる。その効能《パワー》には驚くべきものがある、といろいろに物語られている、つまり、その力が明らかに示されるのが、神々の各神殿においてで、ひとたびこの石が点火されると、これはほとんど消えることはありえないし、それは、この石が「サラマンダーの柔毛」と呼ばれる毬毛の性質をもっていて、その毛には適度な湿り気をもった油性脂肪が含まれ、石から分離することがなく、これが石のなかで燃える火に熱の養分を与えることによるということである。

さて、実際に第Ⅰ部の当該箇所とよく比較検討されてもおわかりのように、一見したところでは、この第Ⅱ部との本質的な違いはどこにも感じとられないのではないかとさえ思われます。しかし、違いがじつはあるのです。

ラテン語本文には narratur《ナーラートゥル》（→英語 narration《ナレイシアン》「物語、話」）と出《で》、英語では stories《ストーリズ》 are《アー》 told《トウルド》 …（直訳すると「物語が告げられている」）、本書では「いろいろに物語られている」と和訳した箇所に、注目する必要があると思います。第Ⅰ部のここは歯切れよく断定的叙述しているのに対し、第Ⅱ部はアルベルトゥス自身の見解ではなく、過去からの人々の伝聞・物語の形式をとって述べられている点です。げんにアルベルトゥスは、自分自身の経験・実見したところを『天体・気象論』とか『動物論』などの著書において、彼のいつわらざる見解をいろいろ開陳しております。例えば前者（第四巻・三章・一七節）では、「一般にサラマンダーの羽毛といわれているものは、羽毛で織られた布のようなもので、ランプなどの芯《しん》として綿布のなかに織り入れられるなら、それは炎を出しても火によって焼かれてしまうことはない。……とにかく、芯が火に触れるやいなや、それの気穴がすっかり閉まって、内部にある湿り気が閉じ込められ、火によって引き抜かれないのである」というように。後者（第二五巻・四七章）では、「サラマンダーは火のなかで生きているといわれるけれども、私はこのことを信じない」として、さらに付け加え、「私のところに持ってこられたこの種（サラマンダー）の毛を実際に見たところでわかったことは、これが動物の毛ではないということだった。ある人たちは、それがある植物の毛だと言うが、私の実見したところではそうではない。私自身が確かめたことは、これが鉄から生産されたものだ」として、大量の鉄鉱塊を火で処理しているとき、その鉄鉱が破片としてあたりに飛び散り、鉄工場の屋根にくっついて出来たものではないか、……などとアルベルトゥス・マグヌスは考えたようです。

　いずれにしても、自分の自然的知見を無心になって磨き、自然の神がつくった物事の真実を知ろうとする純な探究心自体が、結果いかんにかかわらず、その人の心をできるだけ純粋に浄化し、あわせて心身の全体を自然に健康にする大きなみなもとともなることを銘記しておく必要があろうかと思います。物欲・権力欲・名誉欲、いや自分の健康とか長寿などへの我欲を捨てようとする純粋な神秘的な自然の知恵への志向が、その人の心を幸せな安立へ健全さへと導いていく神的な出来事の一つであり、私どもは肝《きも》に銘じてそれを実行すべきことと考えます。できるだけ多くの人たちと共鳴し合うことは望ましいことで、自説に固執したり押しつけることは慎むとはいえ、何よりも自分自身が体験し実証していくことが先決と思います。

さよう心得ながら、次なる石に対するアルベルトゥスの談義の考察へと向かうことにしましょう。そこで次はアルベルトゥス約束のアルファベット表記順序からすると、アダマスの前にアプシントゥス（文字どおり読めばアブシントゥス）がくるのですが、どうしたわけか、写本（の印刷本）はアダマスを先行させています。

[02]
アダマス（ダイアモンド、鋼鉄などの非常に堅い石の総称）▼I-⑩ ADAMAS

アダマス（→ダイアモンド「打ち破れない堅いもの」）は、すでに言及したように最も堅い石で、クリスタルより少し暗いが、光沢のある明るい色をしている。これは非常に堅いので、火によっても鉄によっても柔らかくなったり破壊されたりしないほどである。ただし、雄ヤギの血か肉によって実際に分解されたり柔らかくなったりする。とりわけ雄ヤギがかなり長く前もって野生のパセリ入りのブドウ酒を飲んでおくか山のセセリ（セリ科の植物）を食べておくと余計によい。というのも、このような雄ヤギの血は、結石で非常に弱った人々の膀胱の中にある石を粉々にするのに効くからである。さらに驚くべきことと思われるが、この石は鉛によって破壊される。鉛の中には多くの水銀があるからである。ところでこの石は、鉄やその他のすべての宝石を貫通する。ただし鋼鉄だけには貫通しない。鋼鉄の中では貫通が押し留《とど》められるからである。ある人々が間違って述べたところによると、アダマスは鉄の生成にとって固有な場所となるものだから、それは鉄を引き寄せないという。さて、これまで見つかった比較的大きなこの宝石の大きさは、ハシバミの実《み》ぐらいのもの。アダマスは大抵アラビアとキプロスで産出する。しかしキプロス産のほうがより柔らかくて不透明である。別にまた、多くの人々に驚くべきことと思われていることがある。それは、この石が磁石の上に置かれると、それが磁石をさえぎり鉄を引きつけることをさまたげる現象である。しかし、金や銀や鋼鉄の台にはめこまれると、アダマスの力《パワー》はより増大する。古代ペルシアのマギ僧たち（magi《マギー》→英語の magician《マジシャン》「魔術師」）の言うところによると、アダマスが左腕（上膊部）に結びつけられると、この石は、敵に対し、また狂気、激しい野獣、狂暴な人たちに対し、さらに口論・論戦に対し、幻想や悪夢の襲撃に対してまでその力を発揮するのである。ところで（念のために申しておくと）この石のことをディアマント（diamant→英語 diamond《ダイアモンド》）と呼ぶ人々もいる。また、この石は鉄を引き付けるのだと間違ったことを言う人たちもいる。

ここの叙述も第Ⅰ部のアダマス記述とその効能が非常によく似ていますし、そのとき私はいろいろのコメントを試みました。それをご覧いただければありがたいのですが、やはりここでもよく注意して読みますと、第Ⅰ部の記述とは異なる実験的観察力のこまやかなアルベルトゥスの面目がよくうかがえると思います。観念的な思わくに流れやすいという批判はあるのですが。

第Ⅰ部の記述にはなかったものを少しコメント（さきにあげたWyckoff《ワイコフ》の註釈が特にすぐれているので、これを参考にしたコメントと、これまで多くの鉱物誌を渉猟してきた私自身のコメント）をしてみますと、「アダマスがクリスタルよりも暗い」というマグヌスの描写は、現代の非常に進んだダイアモンドのカッティング技術とはくらべものにならない貧弱な一三世紀当時のことを考えれば当然のことであります。かえって彼の観察のほうが、一般の「光り輝いている」とか「非常に堅い」などだけを強調しがちな叙述よりも正直だといえましょう。正直といえば、次の「アダマスは雄ヤギの血、特に野生のパセリ入りのブドウ酒を飲んだヤギの血……によって破壊される」といった叙述は、例のプリニウスの「新鮮で、まだ生《なま》あたたかいヤギの血」よりも現実感があり、しかも、不思議なパワーをもった植物入りのワインを飲んだ草食動物の血が、非常に堅くて頑固な体内膀胱結石（「打ち破れない石」、つまりアダマス）を粉々にするパワーをもっている、というのも、これまでの人の全くわけのわらなぬ叙述より、かなりもっともらしい現実味のある治療法といえなくはないでしょうか。誰かが実際に試みて成功したとは叙述されていないのが残念ですが。さらに、水銀を大量に含んでいる鉛によってアダマスが破壊されるというのも、金や銀までアマルガム化してしまう水銀、しかも錬金術的水銀の不思議なパワーの術中にアルベルトゥス・マグヌス自身が不覚にもはまったものなのでしょうか。普通に考えれば、別著『アラビアの鉱物書』で考察した「鉛はアダマスを破壊する」という叙述は、熔融しやすい鉛の中に取り込まれたアダマスを、鉛が固まってからハンマーで打ち砕くといった作業を指しているのでしょうが。とにかく、いろいろの試行錯誤が生々しく語られているのが、第Ⅰ部とは大きく違った第Ⅱ部の叙述といえましょうか。そうしたことに出逢うごとに、私はつい、ゲーテの『ファウスト』のなかにあった「人間は何かを達成しようと努力しているかぎりは、何かと誤りをおかし迷うものである」という言葉を思いおこしてしまうのです。

ついでに、マグヌスがアダマス叙述の最後に付けたした adamas《アダマス》 の別名 diamant《ディアマント》 は、フランス語 d'ai《デ》mant《マン》、つまり pierre d'aimant《ピエール デ マン》(磁鉄鉱、天然磁石)であり、aimant《エマン》(「愛する」← aimer《エメ》「愛する」。英語 amiable《エミアブル》「愛らしい」参照)、すなわち「引き合う」という関連があることも、ここで指摘しておいてから次に進みたいと思います。

[03]

アプシントゥス ABSINTHUS

アプシントゥスは黒色宝石の一種である。赤い小さな線条、時には小滴も含まれることがある。この石の効能はアベストン(第Ⅱ部[01]を参照)に似ているように思われる。というのも、アプシントゥスは七日間あるいはそれ以上も熱を保持しつづけるからであり、それはアベストン石について述べられたのと同じ原因によるものだからである。

第I部には記載されていない石ですが、すでに一二〇〇年も前にプリニウスによってa-《ア》（ギリシア語否定辞）psyctos《プシュクトス》（同じくギリシア語psyktos《プシュクトス》「冷やされた」）、つまり「不冷石」（『博物誌』第三七巻・一四八節）として紹介された無煙炭、そしてまたプリニウスより一〇〇〇年後に、例のマルボドゥスが彼の宝石賛歌六〇種の第五二番・absinctos《アプシクトス》（= a-psictos《アプシクトス》← a-psyctos《アプシュクトス》, a-psyktos《アプシュクトス》）として、はじめて宝石扱いで紹介した石を、アルベルトゥス・マグヌスはここで取りあげながらも、実際には当時のドイツ産出の石炭（木炭）との関連はコメントせず、かえってアベストンを引き合いに出しているのです。

[04] アガテス（メノウ）▼I-11 AGATHES

アガテスは黒色で白い筋がある。また、この種の石とは何らか別の、外見がサンゴに似たものの種が見つかっている。まだ第三の種類、つまりクレタ島産で黒地にサフラン色の筋のはいったものが見つかっている。さらに第四のインド産の種類は、あたかも血の滴りで散りばめられた斑《まだら》色のものである。第一の種類（黒地に白）は確かに、それに何か形が刻み込まれるのに適している石（古代のカメオ、つまり黒白の縞メノウ）である。王の頭が刻み込まれた大抵の石は黒いからである。眠っている人の頭のそばに置くと、この石は夢に多くの幻像を出すといわれている。しかし第三の種類はクレタ産で、アヴィケンナが言うところによると、これは危機に打ち勝たせ、体に力を与えてくれる。またアラビア王エヴァクスの言うところによると、この石は好感があって人好きがするようにし、また人を説得力に長《た》けた者にさせ、顔色をよくし、雄弁にし、逆境に対して保護をしてくれる。インド産のものとなると、これはこれで、視力をよくし、喉《のど》の渇きや解毒に効力がある。火で熱するとまた、これは大いにいい匂いを放つ。

Agathes《アガーテース》（中世ラテン語←ギリシア語 achātēs《アカーテース》。英語は agate《アギト／アガト》）のことで第I部に私が述べたことはこの第II部では繰り返しません。が、ここの後半部での叙述が第I部のと違い、マグヌス自身の考えを述べるというより、彼より時代がかなりさかのぼるアヴィケンナ（考証によるとこの Avicenna《アウィケンナ》の表記 Av. は Evax《エウァクス》の表記 Ev. の誤写と考えられる）やエヴァクスから伝承によって述べられている点をいちおう注意するとして、有名なアガテスに関しては、とにかくずっと遠い昔から、古代ギリシア・ローマでは、例えばあの『リティカ』（オルフェウス宝石賛歌）のなかに見られるように、この石は「ご臨在される神々の御《み》心を喜びに満ちたものにし」（二三三行）、「天にいます神々の御心は、／この自然の精巧な匠《たくみ》をご覧になると微笑《ほほえ》みになる」（二四五～六行）、「……さまざまな形の、あらゆる姿を身につけた幸運のアカテス。……／あなたはこの石を眺めながら、そのなかに水晶のようなイアスピス（ジャスパー、碧玉）を、また光り輝くスマラグドゥス（エメラルド）を見つけるだろう。／…／…／……もし誰かがサソリに咬まれて泣き出しそうにしているなら、／痛々しい傷のまわりに、アカテスを当てるとよい。／…／あなたは、女性のもとへ魅力的な男性を送ることができるだろう。／あなたは人々を言葉で魔法にかけるであろう。どんなことでも／願ったことはすべて手に入れ、喜んで家に帰るだろう。／アカテスは、病気で衰弱した人を救う力をもっている。／その人が、自分の手の中にアカテスを握って持っているならば。／……」（六一〇～六二九行）などなどとうたわれています。

わが国でもこれは七宝の一つ、その名も瑪瑙《メノウ》、つまりある原石が馬《うま》の脳《のう》に似ていることからこの特殊な漢字となったという瑪瑙。私はこうした典型的なメノウの例を見るごとに、有名な近代イタリア画家レオナルド・ダ・ヴィンチの「洞窟（岩窟）の聖母」像をすぐに思い出してしまいます。また同時に、宇宙万物生みの親である象徴としての原初の神秘的なカオス（混沌）をも直観してしまうのです。われわれを生み育て保護し愛してくれる母胎・子宮・母親、さらには天の気が大地母神の胎内に宿すさまざまな形相の神秘などもそこに直感されるところから、東洋の真珠とならぶ西欧・ユダヤの奇しき愛とか好意的な共感などを表わす宝石となったにちがいないと思います。さらに、『旧約聖書』に出てくる司祭長の胸当ての第八番目を飾ることにもなったこの宝石についての話は尽きませんが、これにて終わり、次のアラマンディナに移りましょう。

[05]

アラマンディナ（アラバンディナ）

ALAMANDINA

アラマンディナは、その大部分が生成する場所であるエフェソスの町にちなんで、そのように呼ばれる。エフェソスはアラバンダという名でも呼ばれている場所なのだから。この石は光沢のある赤い色をしており、サルディウス（紅玉髄）と同じくらい明るい色である。

アルベルトゥスは、エフェソスがつまりアラバンダという別名をもっていると考えていたようです。が、実際には両者は同じ地域（小アジアのカリア地方）でもちがった町だったようです。

ところで、英語の almandine《アルマンダイン》（= almandite《アルマンダイト》「鉄礬、ザクロ石」）はフランス語の almandine《アルマンディン》からきたといいます。が、このフランス語はまた、中世ラテン語の alabandina《アラバンディーナ》の b《ブ》⇅ m《ム》という発音の転換によってできたもの、つまりこの石は、Alabanda《アラバンダ》（小アジア西南の一州であるカリア地方の町。プリニウス『博物誌』第三七巻・九六節参照）産の宝石 Alabandina《アラバンディーナ》（マルボドゥス宝石賛歌二一番／→ Alamandina《アラマンディーナ》）だということになります。

この石の記載は第Ⅰ部には当該箇所がありませんが、ただ一つここで加えさせていただきたいのは、ガーネット・グループ（近山晶著『宝石』参照）のことです――「一般にいわれているガーネットは暗赤色を示すアルマンダイト（アルマンダイン）のことであり、この石のカボッション形にカットした小《こ》粒《つぶ》石はカーバンクル（英語 carbuncle《カーバンクル》←ラテン語 carbunculus《カルブンクルス》「小さな石炭、紅玉、赤褐色」←carbo《カルボー》「炭」。おそらくcar-《カル》つまり qar-《クワル》「熱、火」という語根からの由来）と呼ばれ、古くから魔除けの石として、特に十字軍の兵士たちが負傷から身を守るために身につけたと伝えられており、歴史的にもその名を残している」（『宝石』一八六頁）とある一文です。ちなみに、紅玉を英語で garnet《ガーニト》（ザクロ石。一月の誕生石。宝石ことばは貞節・真実・友愛）というのは、紅玉の色が granatum《グラーナトゥム》（ラテン語で「ザクロの実《み》」）の果肉の色に似ているから、ということもここで付け加えさせていただきます。

[06] アレクテリウス（雄鶏石）▼I-⑫ ALECTERIUS

アレクテリウスは、「雄鶏の石」と呼ばれる宝石である。それは白く光沢があり、不透明なクリスタルに似ている。これは四年以上たった雄鶏の餌袋から取り出される。九年以上たった、と言う人もいる。老衰した雄鶏から取り出されたものがなおさら良い、とも。が、これまで見つかったこの宝石の最大のものでも、せいぜい豆粒ぐらいの大きさに届くぐらい。しかし、その宝石の効能は、性欲を高めたり、人好きのするようにしたり、また常に勝者で卓越した者にし、弁論術的な能力を与え、友人との仲をとりもつ。舌の下に含んでおくと、喉の渇きを取ったり、防いだりする。そしてこの最後のことは経験によって実際に確かめられた。

神秘的・魔術的伝承もそのまま鵜呑《うの》みにするのではなく、経験・実見によって確かめられるものはできるだけ確かめる、というアルベルトゥスの態度はすでに何度も言及したとおりですが、本文中に最後の喉の渇きの件も、おそらくは旅好きな彼の徒歩による長旅《ながたび》で実際に経験したことなのでしょうか。このことは第Ⅰ部での実証的記述からの強調からもよくうなずけるかと思います。ただ第Ⅰ部の記述にはなかった数々の効能については、アルベルトゥス・マグヌスより二〇〇年近くも前の司教・マルボドゥスが書いた宝石賛歌（第三番目の宝石・アレクトリウスの項）に、その具体的な生き写しを見ることができます。しかし、これらについての実証いかんには口をつぐんだまま、マグヌスはそれらを列挙しているだけです。

ところで、第Ⅱ部の本文中には語られないままですが、第Ⅰ部の当該箇所には、「去勢された雄鶏」のことがのっています。が、この件については、アルベルトゥス・マグヌスが自分の著作『動物論』第二三巻・四六章で、雄鶏と蛇との混血奇談までまじえてやや詳しく述べていますので、第Ⅱ部の雄鶏も去勢オンドリであるのはおそらく当然のことでありましょう。しかし『動物論』のなかでは、去勢六年後に宝石が生じ始め、それ以後は雄鶏が水を飲まなくなる、とあります。こういうことも本文読解の参考にしてください。では、次の項目に移ります。

〔07〕

アマンディヌス ▼I-[13]

AMANDINUS

アマンディヌスは実際、多彩な色をもった宝石である。エヴァクスの言うところによると、すべての毒を消したり防いだり、また敵に対しては勝利をもたらしてくれる。この石は、予言や夢の解釈や、さらには謎まで理解できるようにしてくれる。

ここ第II部と前の第I部の叙述とでは、効能内容にさしたる違いはないものの、前者は「エヴァクスの言うところによると、……」の間接的表現、後者は直接話法的表現の相異ぐらいのもの。ただ、アルベルトゥスはエヴァクスを拠《よ》りどころとしていますが、現在の文献で見るかぎりその確たる照合は見当たらない、とワイコフは註釈しています。第I部でも私が言及したように、このアマンディヌス（amandinus《アマンディーヌス》）は同定できない石です。が、いずれにしてもおそらく、aimant（愛する、引きあう）、adamas《アダマス》（第I部[10]、第II部〔02〕参照）、amianthus《アミアントゥス》（abeston《アベストン》またはasbestus《アスベストゥス》の一種。第I部[09]、第II部〔01〕参照）などの語のくずれた形のつぎはぎ語と思われます。

［08］
アメテュストゥス（アメジスト、紫水晶）▼I-14
AMETHYSTUS

アメテュストゥスは非常にありふれた宝石である。それはほぼ紫色をしており、透明であるがいくらか曇っている。これにはいろいろの多くの異なった種類が見つかっている。しかしそのなかでも五つのものが比較的有名であり、そのどれもが色の曇り具合の違いで識別される。この種のなかにインドで生成するものがある。それは、他の種類ほど硬《かた》くはないので、彫刻するにはより適している。アーロンの言うところによると、アメテュストゥスは、酒酔いを防ぎ、夜もしっかり目をさまして邪悪な妄想を撃退し、知るべき事柄は明確に理解させてくれる。

第I部の当該箇所では私は、多方面からやや詳しく文献上の確認をしました。が、この第II部では、ちょっと別の角度から紫水晶を考察してみたいと思います。

例えば、現代の鉱物学上のエメラルドは化学元素の組成からいえばベリル（$3BeO.Al_2O_3.6SiO_2$ の組成）ですが、しかし、古代では、緑色の石はほとんどがエメラルド扱いされていました。それと同様にこの中世時代のアメジスト（英語読み）も、紫色といえば、それらの化学組成や硬さなどの全く違う多くのもの、例えばコランダム（ダイアモンドに次いで硬いというルビーやサファイアなどを含む宝石）から、非常に軟らかい蛍石に至るまでの紫色の（これらには、もちろん他の色のものもあります）宝石をほとんど含んでいたように思われます。詳しい化学組成や結晶集合形などをほとんど知らなかった人々にとっては、もとの色は単純な黒・白とはいっても、それらが織りなす主要な黄・緑・青・赤・紫色を、さらにそれらの陰影が織り出す無数の色合いなど、これら色彩こそが宝石の実体であるとさえ彼らは感じとったにちがいありません。宝石の癒しのパワーが古代・中世をとおして近頃とみにルネサンス（復興）の気配を見せてきたのに呼応してstone《ストーン》 therapy《セラピー》（宝石療法）ならぬcolour《カラー》 therapy《セラピー》（色彩療法）の本までが出始め、日本でも色彩療法士が登場してまいりました。これまでも何度となく色とかそれを用いての療法を取りあげましたが、その総合的な書物を書いてみたいとも考えています。

[09]

アンドロマンタ

ANDROMANTA

アンドロマンタは銀色の石である。主として紅海に生成する。それはサイコロのような正方形型であって、アダマスのように硬い。この石は、激しい怒り、すぐに気持ちが興奮してしまうこと、悲嘆したり気重く落胆したりする気質に対して効能がある。

アンドロマンタは、第I部には記載のない石ですし、また正確な同定もできませんが、文献上は千数百年昔のプリニウス『博物誌』第三七巻・一四四節にあるAndrodamas《アンドロダマス》が、そのものずばりぴったり合う石であることは確実です。というのも、プリニウスは、アンドロダマスがアダマスと同じように銀色に輝いており、小さなサイコロに似ており、また人間の激しやすい気質をうまく抑えて馴らしてくれる（androdamas《アンドロダマス》「人間馴らし」←ギリシア語anēr《アネール》「人」。語幹andro-《アンドロ》＋damas《ダマス》←damazō《ダマゾー》「馴らす」）石である、と語っているからです。しかしまた、プリニウスは別の箇所（第三六巻）でアンドロダマスに一章をもうけ（第一四六～八節）、さまざまな医薬効果を云々《うんぬん》したついでに、「アンドロダマスは主としてアフリカで発見される。そして、これは銀や銅や鉄を引きつける」という不思議なパワーのあることにも言及しております。鉄だけでなく銀も銅も引きつけるということで、例の注釈者ワイコフ女史は、銀とか銅が、pyrrhotite《ピロタイト》（磁硫鉄鉱←pyrrhōtēs《ピュローテース》←pyr《ピュール》「火」）とか、金属の光沢をした磁性銅鉱鉄を指すものではなかったかと推測し、例の偽アリストテレスの鉱物書、つまりアラビア鉱物書中の金や銀や鉄・銅などを引きつける石に言及しています。そしてとにかく、これが、金を他の金属から分けるとか、骨灰製るつぼで銀を鉛で精製したり銅と亜鉛で真鍮を合金したりするときの冶金作業の際に用いられる鉱物に関係している、と述べています。別著『アラビアの鉱物書』の第八章「マグネット石の不思議なパワー」と「コハク、そしてトルマリン」の項でいろいろの私見を述べておりますので、参考にしてください。

■Bで始まる石（3種）■

[10] バラギウス

BALAGIUS

バラギウスはパラティウスとも呼ばれ、赤い色の宝石であり、非常に光沢のある素材で、また非常に透明な物質である。これは「カルブンクルス（紅玉）の雌石」（プリニウス『博物誌』第三七巻・九二節参照）とも呼ばれている。というのも、この色は淡く、その効能も柔和で、いわば男性に対して女性がそうであるような状態だからである。ある人たちの言うには、バラギウスはカルブンクルスの家であり、だからそれはカルブンクルスの宮殿（palatium《パラーティウム》→英語 palice《パリス》）と呼ばれるのだ、と。それというのも、カルブンクルスがしばしばその場所に生ずるからである。実際、最近つまりわれわれの時代に、一つの石の外部がバラギウスで、内部がカルブンクルスであるものが見つかった。それゆえにアリストテレスは、この石がカルブンクルスの一種であると言ったのである。

Balagius《バラギウス》という名は、中世の宝石書のなかにはじめて現われました。

アルベルトゥス・マグヌスは、本文にもあるようにいささか奇抜な推測をしましたが、オクスフォード版の語源辞典（C. T. Onions: The Oxford Dictionary of Einglish Erymology）記載の現代英語balas《バラス》（紅玉、紅尖晶石の一種）の中世ラテン語形であるとしておいたほうがよいと思います。ペルシア語のBadakhshān《バダクシュアーン》（アジアからのキャラバン・ルートであるサマルカンド近くの地方の名で、この石が発見された場所）がもとになり、これがアラビア語のbalakhsh《バラクシュ》という名を経て出来あがった言葉としておきましょう。しかし多くの宝石がそうであるように、Balagius《バラギウス》石のもとの出生地もインドかスリランカだったと考えられています。この地方の川の砂礫が、コランダムやスピネル（尖晶石）やジルコン、トルマリンなどを含んでおり、色によってサファイアだエメラルドだと呼ばれていましたが、比較的女性的で、淡い赤色とかバラ色の宝石がどうやらバラギウスという名を得て取引され、アルベルトゥス・マグヌスの想像力も、その石のほのかな紅《べに》の色に刺激されたものにちがいありません。こうして宝石の波動共鳴は、とにかくいろいろの人の心の波動と共鳴して詩を文学を芸術を科学（鉱物学）を産み育ててまいりました。もちろん、それらの共振・共鳴はまた宝石療法として医術にも役立ってきたことを忘れるわけにはまいりません。マグヌスの鉱物書を飾るバラギウスの仲間ともいうべき［13］のカルブンクルスや［46］のグラナトゥスや［48］のヒュアキントゥスの石、さらにそれ以外の宝石に対しても、私どもは各人、それぞれの思いを自由にのびのびと共鳴させ、心身の癒しを純真に敬虔に体験するのが大自然との望ましい共感であろうかと思います。その際、いちばん心がけるべきことは、まっさきに利益や強欲の心を宝石に対してむき出しにもたないことです。それこそ最も危険なことではないのかとおそれ慎むことが大切だと思います。折角の宝石との調和・協和を乱すことになりましょうから。

ちょっとお説教がすぎて全体の調和を私まで乱してしまったでしょうか。

[11] ボラクス（ガマ石） BORAX

ボラクスは、ある人たちが言うように、ヒキガエルにちなんで名づけられた石で、それというのも、この蛙が頭の中にその石を持っているからである。二種類ある。一つは、白いが黒ずんでおり、もう一つは黒色である。ところが実際は、もし生きていてまだぴくついている蛙から石が取り出されるならば、その真ん中には、いわば青味をおびた目がついている。それをひと呑みすると、これは腸をきれいにして不潔なものや過剰なものをすっかり取り除いてくれる。われわれの時代にも実際、小さな緑色の石がヒキガエルから取り出された。私たちも現にヒキガエルの模様のついたいくつかの石を見た。これらは、一般にはクラポディナ（crapodina「ヒキガエル石、ガマ石」）と呼ばれている。

Borax《ボラクス》という名は、アルベルトゥス・マグヌス以前の宝石書では、トマス（Thomas《トマス》 Cantimpratensis《カンティンプラテンシス》 または Thomas《トマス》 Brabantinus《ブラバンティーヌス》 のことで、およそ一二〇一〜一二七〇年に生きたドミニコ会の人）のものだけに記載された

B Orax. Lapis borax. ſm Alb. a quodam genere bufonis noīatur: ꝙ sic dr: quod ipm in capite portat. Et est duorum generū. vnū albū aliquantulū fuscū. ⁊ alterū si vivo adhuc palpitante bufone extrahitur. in medio habet oculū ceruleū: ⁊ temporibꝰ nostris extractus fuit vnus de bufone parvꝰ viridis. aliquos etiā vidimꝰ bufones habentes depictos in se. qui de h genere dicebantur vulgariter aūt cropodine dicuntur.

Operationes.

¶ Alb. Sordes purgant intestinoꝝ ⁊ superfluitates. ¶ Arnol. Nose lapis. i. lapis borax est cuiꝰ duo sunt genera. vnū subalbidū: ⁊ aliū variū. ¶ De bufonis capite trahunt anteꝙ bibat vel aquā tangat. ¶ Et forte in eis qnꝙ apparet forma bufonis cū pedibꝰ sparsis. Hic lapis valet ꝯtra morsus reptiliū: ⁊ ꝯ venenum.

Capitulum. xx

C Allaica. carced
phanus. ysid.
gēma colore vi
lēs ac nimis cr
cūdius decens
appellata. Nas
vel Germania
lidis. oculi mō extuberās. ¶ Ex lib
Carcedonius in ethiopia nascit. v
cet. sed pallentis speciē retinet. S
detentus pallore. Colorē habet n
ctum ⁊ berillū. Qui si ꝑtusus sit ⁊
gito ferat: causas vincere ꝓhibet
cies tres esse dicuntur.

Operation

¶ Arnol. ¡ Calcophanus est gē
eris tinnitū reddit si lapide fuerit i
¶ Arnol. Calcophanos nigri col
rificat vocē: prohibet raucedinem
¶ Ex libro dena. rex. Calcophan
ac dulcis instar eris.
¶ Si ferro vel ere ꝑcutiatur voc
norā ac dulcē reddit si portet ab l

中世ラテンの宝石名であり、古代からよく知られていた硼砂《ほうしゃ》を意味するBorax（→化学記号のBoron「ホウ素」）とは何の関係もありませんでした。しかし前者Boraxそのものの実体は、すでに一〇〇〇年以上も前、プリニウス『博物誌』第三七巻・一四九節に出てくるbatrachites《バトラキテース》（直訳すると「カエル石」←ギリシア語batrachītēs《バトラキテース》「カエル色をした石」←batrachos《バトラコス》「カエル」）に相異ありません。ただ、その起源について、ヒキガエルの頭の中にある石だという物語はプリニウスにはなく、どうも中世動物不思議物語の一端として、後世にできあがったものと考えられます。文献のうえでは一三世紀初頭でした。が、鉱物学上の同定は未だにできず、化石化したサメの歯か古生物の三葉虫の化石か、その他の何かではないかと取り沙汰されています。

さて本文最後のcrapodina《クラポディーナ》（英語はtoadstone《トウドストウン》）という中世ラテン語の言葉ですが、これはフランス語のcrapaudine《クラポディン》（←中世フランス語crapaud《クラポ》「ヒキガエル」）の前身語と思われます。crapaud《クラポ》は古高ドイツ語krapo《クラーポ》（＝hook《フック》「かぎ」）と共通した言葉で、どうやらヒキガエルの足の湾曲したかぎ状の形との関連から、「ヒキガエル」そのものを表わすようになったようです。

ヒキガエル（蟇《がま・がまがえる》、蟾蜍《せんじょ》）については、古来それから取り出したという石が魔除《まよ》けとか解毒剤として用いられてきた経緯があります。グリム童話にもよく出てくる有毒なガマ、しかし近代の合理科学では無毒な動物とされたのですが、古来の言い伝えは何かそれなりのわけがあるにちがいない、と考えたE・フィッシャー（一九〇二年のノーベル化学賞受賞者。一八五二～一九一九年）が、この蛙から心臓毒（ごく少量なら強心剤）を発見し、これをヒキガエルの属名（ラテン語でBufo《ブーフォー》）をとってbufotoxin《ブーフォートクシン》（成分はbufo《ブーフォー》-talin《タリン》など数種類）と名づけたのであります。この蛙が敵に遭遇《そうぐう》すると眼のうしろに発達した耳腺から毒

「ボラクス」（左上図）その他▶
『健康の園』（Hortus Sanitatis）、1499年版

液（これが普通にいわれるガマ毒、学問的にはブフォトクシン）を発射し、それが相手の粘膜に付着すると、炎症をおこし心筋・神経中枢をおかして相手を弱らせるのです。こういことを逆手にとって、すでに中国では古くからその毒を強心剤（蟾酥《せんそ》）に用いていました。蟾酥は日本でも漢方薬にも用いられています。非科学的・非合理的人間の嗅覚が、第六感的嗅覚を失った科学的・合理的人間の頭脳を上まっている実例でもありましょうか。

以上のことはそれとして、では次の項目に移ることにいたします。

［12］ベリュルス（ベリル、緑柱石）▼I-⑮ BERYLLUS

ベリュルスは、淡い色の石で、光沢があり透明である。それゆえ、われわれが以前述べたように、転《ころ》がすと、その中で水が動くのが見える。これは、他の多くの宝石がそうであるように、主としてインドで産出する。ところで、この石の種類は多く、外観はさまざまである。しかし、その色が淡ければ淡いほど、また、石の中に見える玉滴が多ければ、それだけよりよいものであるといわう。さて、この石は、敵からの危険や訴訟に対して効果的に作用し、負け知らずにさせるといわれる。また、起居動作などを穏やかにし、才能をよくしてくれるという。さらに、医者たちのうちの何人かが言うところでは、この石は、無気力や肝臓の痛みに対して、悲嘆とか吐き気に対して効果があり、水分過多の目にもよいとのこと。というのも、石を球形にして直射日光を当てると、それは熱を発して火をおこすことが経験上、知られているからである。また、金細工師は、この石が夫婦結合の仲をとりもつのだと言っている。

ベリル（ラテン語・ギリシア語の同系の言葉は、おそらく外来語からの借用か）に属する宝石には、エメラルド、アクアマリン、その他、各色を示すものがいろいろありますが、ここでは色の淡い「水」（ラテン語では aqua《アクア》）が強調されているように、主としてアクアマリン（英語で aquamarine《アクワマリーン》）のことを中世人たちはベリルと呼んでいたと思われます。眼鏡は一三世紀以降に登場してまいりますが、これは通常ベリルで作られないのに、ベリルにちなんで、例えばドイツ語の Brille《ブリレ》（眼鏡）のようにベリルならぬメガネを指す言葉も生まれました。それはともかく、類似した第Ⅰ部の当該箇所とも比較してみてください。

さて次は、つづけて「Cで始まる石」（14種類）の説明に進むべきなのですが、閑話（間話）として、アルベルトゥス・マグヌス鉱物論の重要核心部分に触れることになる「プトレマイオス・カメオ」の解説を、ここで報告しておくことにしたいと思います。

＊

■「プトレマイオス・カメオ」の解説（自然のパワーについて）■

この図は有名です。が、まことに謎《なぞ》に包まれた「プトレマイオス・カメオ」といわれるものの図柄でもあります。アルベルトゥス・マグヌス『鉱物書』第二巻・第三篇・第二章の「自然によって作られた石像」をここに全訳するかわりに、例のワイコフ女史のオクスフォード版の解説に従ってそれを要約してみますと、ざっと次のようになります――

(1)このプトレマイオス・カメオは縞メノウで作られている。
(2)そのサイズは一一・五×一一・三㎝。
(3)それは相《あい》前後した二人の横顔を示している。しかし二人の若い男性ではなくて一人の男性と一人の女性である。
(4)これらは黒地に白で描かれている。
(5)角《かく》ばった顎の上には男のヘルメットの長い頬当てがあるが、ここの図柄は翼《つばさ》をもった雷電である。
(6)ヘルメットの下にのびた項《うなじ》防御板には、顎髭《あごひげ》をたくわえたエティオピア人（雄牛の角《つの》をもったエジプトの太陽神アモン）が描かれている。
(7)男の首には黒い襟《カラー》が首の下まで巻かれている。

(8)布《ぬの》とそこについた花柄とは、どうやら女性の顔のかぶり物とハスの花のつぼみをあしらった装飾であるようだ。

(9)しかし、両方の頭をなかばかこむ一種の縁飾りは、男のヘルメットの飾り羽毛の前立てである。

カメオ（英語読みはcameo《カミオウ》）、つまり、比較的浮き彫りのしやすい軟らかいメノウの装身具とか小像とかには、人工のものと天然のものとがあります。しかし、このプトレマイオス・カメオは天の力が図にみる像を刻みこんだもの、とアルベルトゥス・マグヌスは考えたのです。プトレマイオス（ラテン語での表示はClaudius Prolemaeus、紀元二世紀半《なか》ばに活躍。著作はギリシア語で書いた）とは、知る人ぞ知る、千数百年にわたってその名をヨーロッパ・アラビア世界に轟《とどろ》かせたギリシア出身の数学者・地理学者・天文学者・気象学者・占星家だった人であります。中世では、同じプトレマイオスの名で王朝を紀元前三世紀に築きあげたエジプト王と混同されてもきた人物です。それはともあれ、マグヌスは、自分が自然学の師とも仰ぐ古代ギリシアの大哲学者アリストテレスの形相・質料の精神力学的な考えと、プトレマイオスの天体・気象の地球への影響力の考えとをいわばドッキングさせました。そういう経緯があってはじめて、天来のプトレマイオス・カメオ像に対

◀「プトレマイオス・カメオ」
ウィーン、美術史美術館蔵（→巻頭のカラー口絵［6］参照）

するマグヌスの思い入れが形成されていったと思います。

天来の像については、別著『中世宝石賛歌と錬金術』で、例のマルボドゥス（紀元一一世紀）の宝石賛歌を紹介したとき、メノウ（アカテス）について、「この石には天来の像が現われているという。／石面には、自然の紋様が描き込まれ、／あるものは王たちの姿を、あるものは神々の肖像を見せる。／ピュロス王は、その指にアカテスをはめていたという。／その平らな面には、九人のムーサ（文芸・学術・音楽などをつかさどるミューズの女神たち）が姿を現わし、／中心には、アポロンがキタラ（小形のたて琴）を弾《ひ》いて立っていた。／これは人間のなせる技術ではなくて、自然の技《わざ》、語るも驚嘆すべき技なのでる」（五四〜六〇行の詩句）のようにうたわれてきたことを、思いおこしてください。マグヌスにとっての「プトレマイオス・カメオ」は、以上の詩句の第六〇行目にぴったりの驚くべき天の作品だったのです。

さて、やや詳しい天来像とか天のパワーについてのマグヌス自身の説明は、次項のカルブンクルス叙述のなかでいたします。とにかく、石のもつパワーについては、マグヌスは古来の多くの哲学者たちの考えを紹介し批判し反駁・却下して、アリストテレスの形相・質料理論のみを自己の論拠として、パワーの真因をさぐっていこうとしています。が、多くの方々にとっては、アリストテレスの形相とは？　質料とは？　何ぞやの疑問を抱かれているにちがいないと思いますので、私としてもその疑問に答える義務がありますから。

＊

［13］

カルブンクルス（紅玉）

CARBUNCULUS

ギリシア語ではアントラクス、ある人たちからはルビヌス（ルビー）と呼ばれているカルブンクルスは、とりわけ透明であり、とりわけ赤く、また赤い石である。これが他の石に対して占める地位は、黄金が他の金属に対してもつ地位のごとくである。われわれが前にすでに述べたように、これは他のどんな石よりもより多くの力《ウィルトゥス》（パワー）をもつといわれている。しかし、その特殊な効力というのは、空気とか蒸発物の中の毒を除去することである。また、この石がほんとうによいものであれば、暗いなかで炭火のように明るく輝く。私自身はこうしたところを実際に見たことがある。しかし、それがあまりよいものではなくても、本物でさえあれば、きれいに磨いた黒い容器の中に明るく澄んだ水がその石の上に注がれるなら、暗いところでもこの石はほんとうに輝き出すのである。暗がりでも決して輝くことのないものは、完全な高貴性をもっていないことの証拠である。カルブンクルスは、主としてリビアで発見される。エヴァクスも言うように、これには一一種類もあるというほどに、異なった変種がかなりある。しかしコンスタンティヌスの報告によると、アリストテレスはこの石には三種類あると言っている。それらは、われわれが以前に列挙したとおりである。つまり、バラギウス、グラナトゥス、ルビヌスである。しかしこれらに関して、多くの人々が不思議に思っていることがある。それは、宝石商人たちの間でグラナトゥスはあまり価値のあるものとは評価されていないのに、アリストテレスは三つの石のなかではグラナトゥスがいちばん卓越していると言ったことである。

さてここで私は、「プトレマイオス・カメオ」の解説のところで約束したことを少しでも詳しく取りあげる義務を、以下でいち早く果たしておかねばならないと思います。

　そこで上記の本文のなかから、アルベルトゥス・マグヌス自身の「われわれが前にすでに述べたように、カルブンクルスは他のどんな石よりも多くの力（ラテン語 virtus《ヴィルトゥス》「力《パワー》」→英語 virture《ヴァーテュー》「美徳、効力」）をもつといわれている」という文面をまずはその手がかりにして、マグヌスの『鉱物書』・第二巻「宝石篇」のもつ彼の真実探究の一端を次に紹介してみたいと思います。

　ところでさて、A・B・C……のアルファベット順でただいま紹介中の全九六種の宝石は、第二巻「宝石篇」の第二篇（第一章「Aで始まる石」～第二〇章「Zで始まる石」）のなかにおさまっていて、これがマグヌス『鉱物書』中の最もポピュラーな部分ですが、マグヌスは、これら各宝石の性質・出所・効能を第二篇で述べる前に、それらの原因となるものの考察を、第一篇・第一章「宝石のもつ力の原因となるもの」～第四章「宝石のもつ力の真実の原因」のなかで叙述しているのであります。ごく短い論述ではありますが、さきのカルブンクルスのもつ力の原因の指摘は、じつはここの第二章に記載されています。つまり、宝石のもつ驚くべき力の源《みなもと》は、天上の世界にあるとして次のように語っているからです——

彼ら（ヘルメスとその信奉者たち）の言うには、天上には、いわば四つの色があり、それらの色はまた同様に、宝石のなかにきわめてしばしば見られる色でもある。その一つが諸星界を越えて上にあるという最上界の色であり、誰もがサフィルス（サファイア）と呼んでいるものである。……第二の色は、大抵の星の色であり、その色は明るく輝いた白い色と呼ばれている。アダマス、ベリュルス（ベリル）、その他の宝石の色である。第三は火のように燃え上がる色と呼ばれている。太陽や火星、その他いくつかの星に見られる色であり、特にすぐれたものとしてのカルブンクルス、さらにそれに属する種類のバラキウス（パラティウス）やグラナトゥス、その他いくつかの石の色である。だから彼らの言うには、カルブンクルスは最も高貴ですべての他の石の力をもつものである。というのも、この石は太陽のようなパワー、つまり、すべての他の星の力よりも高貴な力を受けているからである。まさにこの石はすべての天体的な石に明るさと力を与える普遍的な力である。第四の色は暗色（曇り色）で、月のいくつかの運行宿の場合と同じく、いくつかの星にも見られ、カルケドニウス（玉髄）、アメテュストゥス（アメジスト）、ときにはスマラグドゥス（エメラルド）やある他の石のように暗色を含む石に見られるものである。……

しかし以上のマグヌスの見解は、どこまでも天来の力《パワー》を説くヘルメスをただ引き合いに出して述べているだけで、アルベルトゥス・マグヌス自身の見解ではありません。つまり、古代の権威ある人たちのなかではそれが最も納得のいきそうなものと考えながらも、またそれはおそらく占星術的・魔術的な次元ではこれで充分であるとはしながらも、彼は、真の体系的で一貫した原因を追究する自然学、それもすぐれた古代ギリシア自然哲学者たちの自然学ではなく、質料因・形相因・運動因・目的因といったすべてに一貫した原因相互連繋《れんけい》を全面にわたって徹底的に押し進めたものでした。過去の自然哲学者たちそれぞれの質料因主体（万物を成り立たせる根源・根底的な水・火・空気・土の四元素）や、天上的霊魂の不滅を説くプラトンのイデア哲学などの一面性をそれぞれに批判した大哲学者アリストテレスの自然学をこそ、マグヌスは最も総合的で体系的で信頼のおけるものと考えました。アリストテレスの考えに従ったアルベルトゥス・マグヌスにとっては、形相の全く刻印されていない純粋質料は全く知覚されないものでした。何らかの形が質料に刻印されてはじめて、具体的な水とか土とかの形、さらに例えば金属・鉱物・青銅、さらに何らかの青銅像といったものが作られていくのですが、このように質料→形相という、ダイナミックな下（純粋質料）から上（純粋形相）への最終目的完全現実態というエンテレケイアのアリストテレス的な思想を、一三世紀のマグヌスは中世キリスト教世界に導入したのであります。

プトレマイオス・カメオを追って、いつのまにかこんなところにまでやってきました。が、現実には天来の像ではありえないこのカメオを、アルベルトゥス・マグヌスが天来の力の刻印と考えた当時の思想的背景についての説明はまだまだ尽きるところはありません。が、この辺で次の宝石の紹介に移ることにいたしましょう。

[14] カルケドニウス（カルセドニー、玉髄）▼I-㉑ CHALCEDONIUS

カルケドニウス（カルセドニー「玉髄」）は、色は淡く灰色でいくぶん曇った石である。シネリス（一種の金剛石。第I部㉑参照）と呼ばれる石の力でカルセドニーに穴をあけ、首のまわりに吊《つ》るすと、黒胆汁によっておこる妄想的な幻覚に対して効力があるといわれる。さらにこれは、訴訟に打ち勝ち、体力をきちんと維持させてくれる。この最後のことは、実際に経験で確かめられた。

カルケドニウスこと、通称カルセドニー（英語でchalcedony《カルセダニ》）については、第I部でやや詳しく説明しましたので、ここでは割愛させていただきます。が、一つ、あのときに約束したプリニウス『博物誌』第三七巻・一〇四節の紹介は、いま果たしておかねばなりません。「カルタゴ石」のことであります。

さてそのCarchedonia《カルケードーニア》（カルタゴ石）についてあのとき言った示唆的な叙述というのは、プリニウスが第三七巻・三〇章全部をそれにあてて記述した次の内容に関してです――つまり、「この石は同じ力をもっている（二九章のリュクニス石のもつ力、すなわち、日向《ひなた》で温めるとか指で摩擦したりすると、藁《わら》などを引きつける作用があるということ）とはいわれるものの、リュクニス石にくらべるとずっとその価値は落ちる。これは、ナサモネス族の住む山地で神が降らす雨からできている、と当地では信じられている。この石が発見されるのは満月のとき、これが月光を反射しているときである。ところで、これは以前カルタゴに輸出されていた」云々《うんぬん》といった箇所です。

宝石の色には、大きくわけて四つあると、ついさきほど天上の星との関連で申しあげましたが、このカルタゴ石は、四つの色の最後、つまり暗色で月の宿《しゅく》とか雨に密接に関係しております。ここでまた長々と月や雨に対して古代の人々が抱いた信仰をカルセドニーとつなげて語るつもりはありませんが、私ども現代人の心の奥深くには、耳をすませ心をすませば静かに深く強く湧き出る思いがあることを、決して忘れてはなりません。『新約聖書』「ヨハネ黙示録」にもみられる聖なる一二種の宝石の一つでもあるカルセドニーについては、日本の宝石書は不思議と多くを語りませんが、西欧のほうはかなり多く語っているのに気づきます。M・ギーンガー（ドイツ人）の宝石医学（Die《ディー》 Steinheilkunde《シュタインハイルクンデ》）の本の中では、青いカルセドニー（ドイツ語ではChalcedon《カルツェードン》, blau《ブラウ》）とか、樹状模様のあるカルセドニー、銅とか、バラ色とか、さらに赤色とかのカルセドニーが、鉱物学的、神話的、医療の上での精神的・霊的・肉体的・さらに用途の面から、全体で他の個々の宝石の四〜五倍のスペースをつかって解説されているのが目を惹《ひ》きます。しかし、そういう解説はどこか別のところで試みたいものです。以上でカルタゴ石にまつわる話を終わります。

次の二つは、第I部にはその当該箇所のない宝石類です。

[15] カルカファノス

CALCAPHANOS

カルカファノスは黒色の石である。これのもつパワーは、声をクリアーにし、しわがれ声をなおすといわれている。

カルコ（ギリシア語 chalco-《カルコ》「青銅」）・ファノス（←phonos《フォノス》「音、声」）は、プリニウスも言うように（『博物誌』第三七巻・一五四節）、「カルコフォノス（青銅様の音がする石）は、黒い石であるが、ぶつけると青銅の鳴る音がする。悲劇役者が身につける石」ということから、英語でいう phonoite《フォウナライト》（響石。phono-《フォノ》はギリシア語で「音」。交響曲 symphony《シンファニ》参照、sym-《シュン》は「一緒に」。さらに -lite←ギリシア語 lithos《リトス》「石」）に似ていると考えられています。例によってマルボドゥスの宝石賛歌の五行詩も、念のためにかかげておきましょう――「カルコファノスは、叩くと青銅を叩いたときのような音がする。／体を清めて、大事にそれを扱うならば、／これを持つ者は甘い声で歌が唄《うた》えるようになるという。／また、その石を溶かした液は喉《のど》を守り、かすれた声にならないといわれている。／これも黒い色をしていると伝えられている」と。

ちなみに、これは硬くて黒い火成岩であると考えられています。

[16]

ケラウルム（雷石《いかずちいし》）

CERAURUM

ケラウルムは、空色に青く染まったクリスタルに似ているといわれる。雷鳴とともにときどき雲から落ちてくるという。ゲルマニアやヒスパニアに見つかるが、しかし、ヒスパニア産のものは火のように光り輝き、また甘い眠りをさそう。また、闘《たたか》いや訴訟に打ち勝つこと、雷の危険から身を守ることにこの石は有効であるという。

正しくはケラウニウスとかケラウニア（プリニウス『博物誌』第三七巻・一三四〜五節参照）と呼ぶべきでしょうが、何はともあれ、語源とかその他の事情について、このケラウニウス（ceraunius←ギリシア語 keraunos《ケラウノス》「雷」）につき、例のマルボドゥスが一九行にわたって、激しくも美しくも見事にうたいあげた全詩句の和訳を、参考までに次に紹介しておきます——「猛り狂う風によって乱れた空気が沸き立つとき、／恐ろしく雷が鳴りわたり、燃え立つ大気が閃《ひらめ》くとき、／雲は撃ちつけられ、天空からこの石が落ちてくる。／石の名は、ギリシア人たちの判断により「雷」から名づけられた。／なぜなら、雷が落ちたと確かめられた場所にだけ／この石が発見される、と考えられていたからである。／それゆえ、ギリシア語（keraunos《ケラウノス》＝ceraunos《ケラウノス》「雷」）からその名をとって、ケラウニウスと呼ばれている。／つまり、われわれがラテン語でフルメン（fulmen《フルメン》）と呼ぶ雷をギリシア人たちはケラウノスと呼んでいたのである。／この石を持つ信心深い人は、雷に撃たれることはない。／そばにある家や村も同様である。／また河や海を航海している者も／暴風で沈むことも、雷に撃たれることもない。／訴訟に際して、勝たねばならない争いには役立ち、／快い眠りと愉快な夢をもたらす。／これには二種類があり、それと同数の色がある。／ゲルマニアではクリスタルに似たものが産出するという。／この石は空色や赤色に染められる。／また、ルシタニア地方（現ポルトガルを含むヒスパニアの西部地方）に住むヒスパニア人のところからも、／熱火を遠ざけ、紅榴石《こうりゅう》に似た色のケラウニウスがもたらされる」と。

ちょっと長い引用でしたが、参考にして当時の事情をいろいろの角度から考え合わされてみるとよいと思います。

とにかく天来の雷石と呼ばれるものには多くの相異《あいこと》なった石があり、恐ろしい落雷よけに用いられてきました。それをワイコフ女史は四つに分類しています――⑴マグヌスが本文で叙述しているものは、明るい輝く色の小石かクリスタルで、激しい夕立ち雨で土壌から洗い出されたところを発見されたもの、⑵化石類、例えば、特にサメの歯か、イカの化石で、矢のような形をしているので人々の注意をひく、⑶なおほかに、有史以前の石器で、古代信仰の畏怖的な道具とみられるいくつかの斧《おの》形の石、⑷隕《いん》石、特に焼け焦げた鉄のようなもの、以上四つの種類が考えられます。

Operationes.

Uirtus eius est vocē clarificare ꝛ raucedinē ederi ¶ Idē. Alb. Lapis corāticas est lapis stallo silis. infecto colore ceruleo. q̄ dr cade aliqñ d nube cū tonitruo. ꝛ inuenit̃ i graya hyspania. sed hyspan⁹ est candens vt ignis. Prouocat dulces somnos. ꝛ ad prelia ꝛ cau s vincendas. ꝛ contra periculū tonitrui di itur opari. Hoc similiter ait Enax.

Capitulum. xxxiij.

Celidonius. Dyas. Celidonius inueni tur in ventrib⁹ hyrundinū. Cui⁹ gene ra sunt duo. niger ruffus. que colligun tur captis pullis hyrundinum: ꝛ scissis corum ventribus inuenitur.

Operationes.

¶ Alb. Ruffus inuolutus pāno lineo vel co rio vitulino ꝛ sub sinistra assella gestat⁹: dr va lere ɔ̄ isaniā ꝛ antiq̄s lāguores: ꝛ lunaticā pas sionē ꝛ epilentiā: codē modo portatus.

¶ Enax aūt dicit q̄ facundū gratū et placen tem reddit gestantē se. Higer autē vt Joseph dicit contra nociuos humores ꝛ febres ꝛ iras operatur. Et lotus aqua sanat oculos.

¶ Sunt aūt hij lapides parui valde. Et ta les iam vidimus p socios nr̄os de stomacho hyrundinū extractos de mense Augusto. tūc eñ extracti magis valere dicunt̃. vt frequen et amabiles et idoneos.

¶ Higer gestat⁹ silr optimū finē imponit. ad om̄es iras regū ꝛ dominoꝝ idoneus est.

¶ Nam qui eum habuerit omnibus placebit ꝛ ad arbitrium suum cuncta perducet.

¶ Sed qui dolent oculi teritur cum aqua et iungunt̃ et sanabūtur. ¶ Sed cum tollunt̃ la pides cauendū ne pater aut mater prope sit: q2 meliorem effectum habebunt.

Capitulum. xxxiiij.

Celonites ꝛ cymedia. ysi. Celonites est lapis purpurei variiq3 coloris. Hūc te studo mittit ꝛ diuinatorem illum facit Qui hūc sub lingua gestauerit: at hec v̄tus ipi tantūmodo tūc inest: cū luna p̄mo accensa cre scens est. ¶ Menoytes in vltimo descendēte sic vult Aaron de virtutib⁹ lapidū. Nec hic la pis ab igne corrumpitur.

Operationes

¶ Celonites est indice testitudinis oculus va rius ꝛ purpureus. hoc magi imposito lingue finguntur futura prenunciare.

¶ Ex lapidario.

Indica testudo lapidem mittit celonitem
Gratum purpureo varioq3 colore nitentē
Quem sub lingua lotosi quisq3 gesserit ore.
Hosse magi credūt hunc diuinare futura.
Orto mane die sextam dumtaxat ad horam.
Tempore quo lune succrescere cernit̃ orbis.

[17]

ケリドニウス（燕石《つばめいし》）▼I-22

CELIDONIUS

ケリドニウスには二種類がある。一つは黒い色、もう一つは褐色で見つかる。両者ともにツバメの腹から取り出される。褐色のほうの石は、亜麻の布切れか子ウシの皮にくるんで、左腋《わき》の下につけて持つと、精神錯乱、慢性の無気力症、夢遊病的な狂気に効力があるといわれる。さらにコンスタンティヌスは、前述の仕方でつけて持つと、癲癇に効能があると言っている。他方、エヴァクスは、この石を身につけると雄弁になり、好感がもたれ、人に好かれるようになる、と言っている。しかし黒色のほうは、ヨゼフが言うように、有害な体液や熱病、怒りや悔恨《かいこん》を鎮めるのに効き目がある。この石を水でぬらすと、視力を癒す。取りかかった仕事は最後までやり遂げさせる。ところで、ケリドニア草の葉でくるむと、この石は視力を落とすといわれる。さて、ケリドニアの石はどれも非常に小さい。われわれは、このような性質の石がアウグストゥスの月（八月）に、われわれの会（ドミニコ会）の仲間たちによって、ツバメの腹から取り出されるのを最近になって実際に見た。八月というのも、このときに取り出された石は、最も効力があるといわれている。ところで、一羽のツバメには同時に二つの石がいつも見つかるというのは、よくいわれることである。

「ケリドニウス」（左図）その他▶
『健康の園』（Hortus Sanitatis）、1499年版

ツバメ草（ケリドニア草、ケリドニウム、和名では「クサノオウ」）については、一三世紀以降、いわば中世末のベストセラー本となった『サレルノ養生訓』七〇「クサノオウ」にも、「ツバメの母親は、これを与えることによって、目の見えない雛《ひな》に、／光がどれだけ失われていても、それを取り戻してやるのだ、とプリニウスは書いている」とうたわれています（別著『サレルノ養生訓とヒポクラテス』三一頁を参照）。プリニウスばかりでなく、同時代の「薬物学の父」としてあまりにも有名で、千数百年間の指標となったディオスコリデスの『薬物誌』第二巻CHELIDONION《ケリドーニオン》の項目は「ツバメが姿を見せると同時に地面から芽を出し、ツバメが旅立つ頃に枯れることから、そう呼ばれるのであろう。ツバメの雛のなかに眼の見えないものがいると、母鳥がこの薬草を運んできて、その眼を治すといわれている」と記載しています。この草、この石については、別に視野を暗くする、といった反対説もあって、文献的にも混乱しており、それらが錯綜して、本文にもあるように、この石を同名の草の葉に包んで与えると視野を暗くする、ということにもなり、互いに矛盾する表現が見られます。それかあらぬか、本文中のコンスタンティヌスのところは、事実はコスタ・ベン・ルカ（クスタ・イブン・ルカがアラビア語名で、九世紀にバグダッドで活躍・著作した。おそよ八二〇〜九一五年の人）に訂正すべきところでしょうし、さらに人名・ヨゼフは現在までのところ同定できぬ人物です。

　ちなみに、ここでもう一つ。というのも、前に触れた「左腋《わき》の下……」の左、つまりラテン語のsinister《シニステル》にどういう不思議な意味内容があるかを、もう一度ここで考えてみたいと思います。sinister《シニステル》は、普通「左の、あべこべの、逆の、不吉な、悪い」という意味に用いますが、ときたま、「吉兆の、好都合な」の意味をもっています。前には言わなかったことですが、古くから、いわば気の流れは右から左へ、つまり右は作用を及ぼすほう、左はその受け手ということになります。英語でいうと、いわば active《アクティブ》（能動的）と passive《パシブ》（受動的）。passive はギリシア語の paschō《パスコー》（受ける）、pathos《パトス》（受けること、出来事《できごと》、良きにつけ悪しきにつけ人が経験すること、受難、病気、……）に由来することから、現代英語ではキリストの受難を passion《パシャン》ともいい、医学上の病理学のことを pathology《パサラジ》といいならわすようにもなりました。

結論を急ぎますと、えてして左は容易に邪気を受けるほう、その左に効能のある石を身に所持することによって邪気を防いで、かえってよき効能を増大することが健康への道と考えていくことは、人間、いや宇宙の道理であり、万物はそのように通常は組み立てられているのだと、古くから考えられてきた（いや、本来的に感じとられてきた）のではないか、と私は思うのであります。

以上のことは、いちおうそう考えることにして、次の項目に移ることにいたしましょう。

[18] ケロンテス（亀石） ▼I-05 16 CELONTES

ケロンテスは紫色の石である。それは亀（または貝、甲殻類）の体の中に見つかるという。というのも、ある非常に大きな亀は、真珠の輝きをした住居（甲殻）をもっているからである。人がそれを舌の下に含めるなら、これは、その人に未来を予言させるといわれている。しかし、そういう力をもてるのは、月が昇りはじめ形が増大していく月暦の第一日目において、また、月が欠けていく第二九日目においてだけである、といわれる。ところでこの石は火によって破壊されないという。

古代からの文献上、正しくはケロニテス、全体としては第I部の当該箇所を見ていただくとして、当時の占星術的事情の一端としては、引き合いにはマルボドゥスの宝石賛歌・三九（ケロニテス）の全引用がいちばん興味深いと思います——「インドの亀がケロニテスを運んでくる。紫色、または様々な色に光り輝くものが好まれる。／洗い清めた口の舌の下に入れておくと、／未来のことを予言できるとマギ僧たちは信じている。／ただし、それは朝、陽が昇ってから六時間目までだけである。／満月になっていくと思われる期間のうち、／新月のときは、石の予言力が／一日中続くという。／一〇日目から後の五日間は、新月のときと一致する。／しかし、月が欠けていくときはずっと、／石に力が宿るのは夜明け前だけである。／また、この石はいかなる火にも隷属しない」というものです。

一二世紀には、古代〜中世とつづいた占星術的パノラマがいちおう出来あがったといいますが、いずれは、石を配したパノラマを紹介したいものです。

さて、本文で紹介されたtestudo《テーストゥードー》（カメ）が、実際に亀なのか、それとも甲殻類とか貝（真珠の母貝も含めて）だったのか、そうしてまた、マグヌス以降は月長石などとの混乱をおこした事情など、ここでは第I部の説明以上のことは割愛させていただきます。

[19]
ケゴリテス ▼II-[44] CEGOLITES

ケゴリテスは、色や大きさの点でオリーブの核《さね》（種子）に似ている。これを削って水に溶かして飲むと、腎臓や膀胱にある石を粉々にすることが経験的に確かめられている、と人々は報告している。

正しい名称はテコリトゥス（ギリシア語 tēkō-《テーコー》「溶解する」・lithos《リトス》「石」。つまり「水に溶解する石」、プリニウス『博物誌』第三七巻・一八四節参照）。これはウニの化石と考えられますが、頭文字Gのところに登場するゲコリトゥスも参照してください。

[20]
コラルス（サンゴ） ▼I-17 CORALLUS

コラルス（サンゴ）は二種類ある石である。すでに上に述べたように、この石は特に、マッシリア（現在のマルセイユ）周辺の海から採取される。その一方の種類は古い象牙のように赤色《あか》をしているが、他方は白く植物の細枝のような形をしている。経験によって知られているとおり、サンゴはどんな出血に対しても効力がある。さらに、首に吊るすと、癲癇や月経困難に対し、暴風雨や雷や霰《あられ》（雹《ひょう》）に対しても効力があるという。さらに、人々の報告するところによると、この石は仕事の初めをうまく滑り出させ、しっかり終わりを全うさせてくれる。

サンゴがよくつくる十字形といい、その赤色といい、成分といい、邪気をはらうなど、さまざまな霊力や化学的反応は多くの力を万物に与えてくれるもの、と古くから現在まで珍重されてきました。

［21］

コルネレウス（カーネリアン、紅玉髄）

CORNELEUS

ある人たちによってそう呼ばれているコルネレウスは、肉色つまり赤色をした石である。砕くと肉汁のようになる。これは、レヌス川（現在のライン川。ラテン語 Rhenus《レーヌス》→ドイツ語 Rhein《ライン》）に最もよく見つかり、非常に赤く、ほとんど辰砂のような朱色をしており、磨くと非常に明るく輝く。実際に経験されるように、この石は、出血を止め、特に月経と痔からの出血を止める。怒りを静めるとさえいわれる。

マルボドゥスをはじめとする中世の宝石文献は多く、Corneleus《コルネレウス》ではなくしてCorneolus《コルネオルス》と記載しています。また本文の記述はいわゆるカーネリアン（英語でcarnelian《カーネリアン》←ラテン語caro《カーロー》「肉」）、つまり紅玉髄に関したものです。しかしマグヌスは、別の箇所（第一巻・第二篇・第二章）で褐色のcorneola《コルネオラ》（←cornu《コルヌ》「角《つの》」）、すなわち、角色をした同じ玉髄に属する種類も記述しており、両者は容易に混同されやすい言葉の石で、まぎらわしいものではあります。

[22] クリュソパスス（クリュソプラスス、緑玉髄） CHRYSOPASSUS

クリュソパススは、インドに産する石であるが、発見されるのは稀である。そのため、高価な石と評価されている。なお色の点では、ニラの汁が濃縮凝結したものに似ており、そのなかに黄金の斑点があり、そのためにクリュソパススという名が付けられている。クリュソスとはギリシア語で金を意味する言葉である。クリュソリトス（次の項目）とは非常によく似ている。

表題であるクリュソパスス（Chrysopassus《クリューソパスス》）の表記はクリュソプラスス（Chrysoprasus《クリューソプラスス》「緑玉髄」←chrysos《クリューソス》「黄金、黄金色」・prason《プラソン》「ニラ」）とすべきであり、本文中のpyri《ピュリー》（ラテン語「梨の」は明らかに誤り）もporri《ポリー》（ラテン語「ニラの」）に訂正して読まなくては意味が通じないことを、まず申しあげてから話をつづけさせていただきます。

この石のことは、当時から数えてすでに一二〇〇年も前の例のプリニウス『博物誌』第三七巻・三四章・一一三節にごく簡単ながら取りあげられました。すでに第三二章（一〇七～九節）のところに、やや詳しくChrysolithus《クリューソリトゥス》（アルベルトゥス・マグヌスでは、次の項目に出てくるChrysolitus《クリューソリトゥス》「貴橄欖石」と同じ。-th- = -t-）のことで、「今日でも特別の人気を失っていない貴橄欖石は、緑がかった独特の種類で……」とプリニウスが叙述した後に、一つ「トルコ石」（第三三章）をおいて、次のプラシウス（「緑石英」、第三四章）のことに触れ、「ほかにもたくさんの種類の緑石があるが、比較的ありふれた種類のものが緑石英である。……しかし、よく好まれるのはクリュソプラスス（緑玉髄）のほうである。これは、ニラ色をしていて、貴橄欖石より金色がまさっている。小さい杯がつくれるほどの大きさである場合もあり、そういうときは、一般に円筒型に切られるものなのである」というごく簡単なコメントを残しているきりです。

また二〇〇年ほどマグヌスの先輩格にあたる例の司教マルボドゥスに至っては、「クリソプラスス（crisoprasus）は宝石の国インドに産する。／ニラの液汁に似た色だが、単色ではなく、／深い紫のなかに、金色の斑点が光りを放っている。／私はまだこの石のもつ力を知らないが、／何か力があると信ずる。ただ、すべてを知ることはわれわれには許されていないのである」というように、この石のもつ神秘力には脱帽している様子です。しかし、彼らマルボドゥスとマグヌスのちょうど中間年代（一二世紀）に生きた女性神秘家で天才的透視能力者（自《みずか》らは塵の塵である非力者を自覚していた）でもあったヒルデガルト修道女は、彼女独特のすぐれた宝石療法書のなかで、クリュソプラススについては、その効能をかなり多く語っています（全文和訳は別著『ヒルデガルトの宝石論』の「一三番目の宝石・クリソプレイズ」を参照してください。クリソプレイズ Chrysoprase は英語。同じ箇所にはマルボドゥスの詩もここと重複してあります）。ヒルデガルトの宝石療法に関してはその書に譲り、ここではドイツのM・ギーンガー記載の真摯《しんし》な宝石療法の自己体験記述（ヒルデガルトのものと共通したところが多いです）を、以前に約束したとおり、少しだけ拝見してみることにいたしましょう。もちろん、クリュソプラスス（ドイツ語では Chrysopras《クリュソプラース》）についての記述であります。

さて化学組成 SiO_2＋(Ni)は、ニッケル含有の石英グループですが、これのもつ性質・パワーといったものを大体は四つのジャンルに分けて、彼はおよそ次のように説明していきます――

1 鉱物学的所見

クリュソプラスス（緑玉髄）は、淡緑色の石で、カルセドニー（玉髄）の一種である。これはニッケル鉱床中の酸化しやすい地帯に出来た珪酸溶液から生じたものである。珪酸によって周辺の岩塊から溶け出したニッケルが、鉱石の色付けをするが、それもただ、水がこの鉱石の結晶格子のなかに含まれている間だけのことである。そののち、この石は変化して、そこから中間産物としてニラ色をしたオパール石が生じ、中の水がなくなったところで、これはクリュソプラスに変化する。完全に乾いたところで、これは緑色を失って、全く淡い色合いとなる。

2 神話的所見

古代においては、クリュソプラスはヴィーナス女神の所有するものだった。しかしながら、この石は肉感的なものとか異性への愛とかを表わすのではなく、真実なものへの天上的な愛を表わすものであった。あの後代（一八世紀）の神霊的預言者エマヌエル・スウェーデンボルクがそれを要約したとおりである。この石の目指すものは、同じく女神ヴィーナスの属性である正義感である。ヒルデガルト・フォン・ビンゲンとしては、クリュソプラスの解毒が効能ありとし、特に痛風の際の治癒力があることに言及している。さらに彼女は、怒りを静める場合の対策としてこの石を身につけることを推奨している、または、怒りのとき、無思慮な言葉がつい出てしまわないためにも。このことはまた、クリュソプラスが怒りを静めるカルセドニーに類似していることを示している。

3 医学的所見

(a)精神的な面では（ドイツ語 spirituell《シュピリトゥエル》）、クリュソプラスは、われわれがより大きな全体的なものの一部であるという自己体験的なものを教えてくれる。この石は、危急の時に沈着冷静であるようにし、われわれの注意を、事故に際しても、これはただ外見的な危急・不幸の一端にすぎないのだという認識へ導いてくれる。そういうときにこそ、精神世界の働きがまたはっきりと認識できるのである。クリュソプラスは、単純無垢《むく》な子供の世界への見方といったものをわれわれに教えてくれる。そこにおいては、守護天使や精神的援助者の存在が合理的な論理思考に対して決して矛盾するものではないということを。クリュソプラスは、真実の探求には忍耐強い長い時間がかかるものであるが、われわれとしては宇宙のごくひとかけらしか理解できなくても、それでじゅうぶん幸《しあわ》せでありうる、ということを示してくれる。これこそ、感性とか芸術とか美への志向を助け促進してくれる石なのである。

(b)霊的な面からいえば(seelisch《ゼーリッシュ》)、クリュソプラススは自己自身への信頼と安心感を与えてくれる。この石は、他の人たちに関心を向けることから離れて、われわれが自己充足に向かうことを助けてくれる。それによって、一方では嫉妬《しっと》心や愛の悩みを鎮静化し、他方では性的問題の場合にもいろいろと役立ってくれる。身体の場合にさまざまな解毒作用のあることはすでに述べたとおりであるように、この石は、多くのわずらわしい心像からわれわれを自由にし、または、これらをうまく助けてつくりかえてくれるのである。この石は、繰り返し襲ってくる悪夢を終わらせてくれる、まさに夜な夜な何かにおびえて目をさまし、あたりかまわず泣きじゃくる子供たちの場合にもみられるような悪夢を。

(c)知能的には(mental《メンタール》)、クリュソプラススは、行動のなかの利己的な動機づけを認識して、現実の行動がそれに固有なより高い理想とうまく共鳴してくれるかどうか、何度も自己点検するのに役立つ。手助けとなることはまた、どうしてもそうしなければならない不可抗力的な行動とか態度・思考のモデルパターンとかから自己を解き放つ場合がある。消極的な心的態度を、この石は積極的な出来事へと向けて注意を喚起する。それによって知覚のろ過機《フィルター》を変え、そのフィルターによってこそ、われわれとしては、ごく普通に、自分の内面的な選択的知覚による態度調整があることを実証しようと求めるのである。

(d)肉体(身体)的な面からいえば(körperlich《ケルパリヒ》)、クリュソプラススは、解毒を促《うなが》し、老廃物の排出をすすめる働きがある。重金属や他の溶解しにくい物質さえも排出される。これに加えて、肝臓の働きも強く活発化される。毒性化（強い薬物による場合も含む）の結果おこってしまった病気も、そういうわけで治しうるようになる。クリュソプラススは、このような根拠から、多くの皮膚病も神経性皮膚炎さえも沈静化し、煙水晶との併用によって真菌感染の場合の治療にも役立ってくれる。そのほかにこれは、婦人の妊娠能力を促進し、とりわけ、感染症が不妊につながった場合にも役立つのである。

4　用途について

クリュソプラススを身に付けるのは、ネックレス、ペンダントあるいは手首飾りにして長い時間、所持するとか、適した身体部位の上に置くとかの方法がありうる。また、その老廃物排出の作用は断食治療によって促進される。この石を入れた酒精は、急性病の場合に最も強い効能を示すものである——と。

以上、彼のクリュソプラスス叙述をみただけでも、その伝統的宝石療法に関し、自分自身と他への実験・実証的な所見をとおして、精神医療的・哲学的・宗教的観点からの鋭い考察を試みているM・ギーンガーの卓見に対しては、まことに敬服に値するものがあると考えます。多少とも難解と思える彼の哲学的解説も、繰り返し読めば非常に深い精神的洞察のあることに感動して、私自身の身も心も浄化され健全になる思いさえいたします。わかりにくい箇所を解説しながら、数十にのぼる主だった彼の宝石療法を私は是非ともいつか日本にさらに具体的に紹介したいと思っています。しかし宝石療法の最も重要ないくつかの実態解明は、次世代の精神神経免疫学とか、その他の潜在的微量元素・色彩・エネルギー精気共鳴現象などの解明にまたねばなりません。

現代の鉱物学は、ともすれば鉱物の化学組成をごく大ざっぱにSi（珪素）とかO_2（酸素）とか、さらにNi（ニッケル。色付け要素）といった三次元物質で処理しようとしますが、原生命といった宇宙自然の解明には、どうしても多次元的な相互の心的要素の共鳴が不可欠であると私は確信しているわけです。だからこそ、宇宙意思とかスピリットといった言葉を絶えず使わざるを得なかったことを繰り返し申しあげて、次の項目に移ることにいたします。

[23]
クリュソリトゥス（クリソライト、貴橄欖石）▼Ⅰ-27 CHRYSOLITUS

クリュソリトゥスは、色の点では薄くて明るい緑色の石である。太陽の光りに向けると、金色の星のように輝く。この石は珍しいものではない。ところで、それはエティオピアから産出されるという。何より、クリュソリトゥスが呼吸を左右する気管を強くすることが、経験的に確かめられており、そのためにこの石をすり潰して喘息患者に与える。またさらにある報告によると、石に穴をあけ、ロバのかたい毛で穴をとおし左腕に結びつけると、強迫観念や憂鬱症を追い払うという。こうしたことは、身体に結びつける自然物の書のなかでいわれている。また、金を台座にしてはめこんだこの石を身に付けると、妄想を追い払うという。さらに、それは愚かさを追い出し知恵をもたらすと語られている。

ギリシア語で文字どおり「金《きん》の石」という意味のクリュソリトゥスについては、その関連の石も含めて、すでに以前の当該箇所（第I部04 27）をご参照願うことにしたいと思います。黄緑色の黄色（黄金、太陽）が強調されたり、緑色（海の色）が中世以降、特にセヴィリアのイシドルス（諸物の語源的な解説をした『物の由来《オリゲネス》』という百科全書的なもの“Etymologiarum《エテュモロギアールム》 sive《シウェ》 originum《オリーギヌム》 libri《リブリー》 XX”（語源あるいは由来の書・二〇巻）を書いたことで有名なスペイン人、およそ五六〇〜六三六年）以後、強調されるようになった、ということを付け加えて次の項目に移りましょう。

[24] クリュスタルス（クリスタル、水晶） ▼I-18 CRYSTALLUS

クリスタルは、アリストテレスが言うように、寒さの力によって生ずる場合がある。が、そればかりではなく、あるときは地中で生ずる場合もある。そのことは、多くのクリスタルが見つかるゲルマニア（ドイツ）で、われわれがしばしば実際に見聞するところである。発生の仕方は両方ともに、上に述べたことによって容易に明らかにされるであろう。この石は、冷えているとき太陽に直射されると火を出す。しかし温かいと、そうすることはできない。これについては、『元素と惑星の特性の原因について』という本のなかで、われわれはすでに根拠づけたところである。この石は、舌の下に含むと喉の渇きを抑えるという。また、砕いてハチミツと混ぜて女性に与えると、胸を乳で満たすと経験で確かめられている。

クリスタルについては、もちろん第I部18の参照もさることながら、別著『ヒルデガルトの宝石論』の「二〇番目の宝石・クリスタル」におけるかなり詳しいクリスタル紹介も、是非ともご参照いただきたいと思います。というのも、クリスタルの場合も、前々項のクリュソプラススのときと同じように、M・ギーンガーの宝石解説を次に取りあげたいと思うからです。しかしクリスタルの場合は、治療関連事項だけの紹介にとどめます。つまり、鉱物学上の結晶生成のメカニズム紹介はこの際省略し、まず神話的所見からみてみますと、――クリスタルは、どの文化地域においても、治癒力のある石、魔術的な力をもつ石として通用していた。これは一般に、悪魔とか病気を追い払うものと考えられ、力とかエネルギーを与えるものとして利用されていた。球状のものが予言用に使われた――とあります。

医療上の所見としては、――精神面では、クリスタルが、無色な透明さと事柄を色眼鏡《めがね》や偏見でみないという中立性をおし進め、そのようにしてものの知覚と理解をよりよくできるようにしてくれる。それは、自分自身の立場を強化し、われわれの内面的な本性に適した発展を促進してくれる。霊的な面としては、クリスタルは深い所にしまいこまれた思い出をはっきりした意識にまで高める。またそれは、いろいろな問題を単純なやり方で解き、失われたと思いこんでいる能力を再活性するのに役立つ。知能面としては、これは自己認識をもたらし、自《みずか》らに誤ってつくった知的精神の限界を乗り越えるのにひと役かってくれる。身体的にはクリスタルは、感覚を失うとか冷たくなったとか物音が聞こえないとか麻痺したとかの部位を活性化する。この石は、大脳両半球のバランスをととのえ、神経を強くし、いろいろな腺の分泌を刺激する、エネルギーのテンションも高めるが、しかし病熱は下げ、苦痛・脹れ・吐き気・下痢を静めてくれる——とあります。

最後に用途の面からの叙述としては、クリスタルが他の石の作用を強めるのに役立つとの指摘があったことを付け加えておきます。

以上、多くの鉱石のなかから自然宇宙の意思をクリスタルをとおしてみただけでも、何百年となくかかって出来上がった結晶生成のこの営みは、私どもの心身生成自体とも密接に関連し合い共鳴し合って生起していることを、静かな感動をもって見つめる必要があろうかと思います。現代のいわゆる科学的実証性をもって合理的論理性をもって解明していくことと、クリスタルそのものを無垢で純真な子供のような透視力で見つめ、その結晶のでき方やその効能を鋭く内面的に感知した聖女ヒルデガルトの無心・幼稚な直観的解明とは、本来は矛盾なく相い共鳴し合うものでなくてはならないのだと思います。私どもも含めてそれぞれがその一員である宇宙生成物は、さきにも申しあげたように科学的三次元世界観あるいは四次元観ではなく、多次元で無次元的に感得してこそ、そこに共通の調和的な相互個々の意思が真実をもって確認できるのだと思います。相対性物理学理論を提唱したアルベルト・アインシュタインも、また量子理論をうち立てたマックス・プランクも、そうした理論物理学者たちをも感動させてやまなかったものは、ほかならぬ宇宙の神秘や神性だったことを彼ら自身が述懐していることを、私どもは決して忘れてはなりません。日常的な欲望のままに科学技術のテクネー（テクニック）を駆使していろんなものをつくってみても、それら人為・人工の作成物、例えば仏像をつくってもそれに魂を入れない生成物に終始しがちなために、私どもの周囲の大自然の火も空気も水も土でさえも、そのような人工の活力なきごみ・あくたにどんどん汚染されつづけていくのだと思います。

神は死んだとか、この水晶玉《クリスタル》は力《パワー》を失ったというのは、とりもなおさず私どもの心身がそういう神性と何らか共鳴できる聖なる宮居《みやい》を、安楽な我利我欲のために自分自身の内にあるのを見失ったり追放していることにほかならないのではないか、ということを申しあげて、次の項目に移りたいと思います。

[25]
クリュソリトゥス（?） ▼II-[23]
CHRYSOLITUS

クリュソリトゥスは金色の宝石である。これは、朝の時間帯にはとても美しく見えるが、それ以外の時間では違って見える。この石は火によって破壊されて消滅する。またある人たちが言うように、これは燃えるのである。それだからこそ、火を恐れるのだといわれる。ある人々の言うところでは、この石には別の種類があり、それは卑しい物質が固まってできたものであるという。

しかし、このことはほんとうではない。実際にはそれは金色をしたマルカシータ（後述の［58］参照）で、われわれが後で明らかにするように、見方によっては金属と石の中間物である。さてさらに、青と赤の中間色をもった第三の種類があるといわれる。一般にこの石は、すり潰したものが疥癬（皮膚病）とか潰瘍を治すといわれる。手にもつと、病熱を静めることができる。

表題のクリュソリトゥスに？《クエスティオン・マーク》を付けたのは、すでにクリュソリトゥスは［23］「クリュソリトゥス（貴橄欖石）」で紹介されているのに、なぜいまさら、という疑念を抱いたからです。

しかも、ここの表題クリュソリトゥスの本文内容は、二〇〇年も先輩のマルボドゥスが、「クリセレクトゥルス（クリュセレクトルム）は金に似ているといわれるが、／その色がコハクに近いことは明らかである。／この石は早朝は眼にたいへん心地よい。／その後は、見る者に違った色を見せる。／もっとも激しい性質は燃焼であるといわれる。／というのは、近くの火にあてると、すぐに燃え出すからである」とうたった宝石詩・第五九番（クリセレクトゥルス）の内容と全く共通するものであります。しかもそれを過去にさかのぼれば、マルボドゥスより一〇〇〇年も前のプリニウスの『博物誌』第三七巻・五一節の chryselectrum《クリューセーレクトルム》（黄金色のコハク）や一二七節の chryselectrus《クリューセーレクトルス》（おそらく、英語でいう citrine《シトリン》 quartz《クォーツ》「黄水晶」、chrysobery《クリソベリル》「アレクサンドル石・ネコ目石などの金緑玉」）などとの関連が考えられると思います。

chryselectrum は言うまでもなく、ギリシア語の chrysos《クリューソス》（黄金）と ēlectron《エーレクトロン》（コハク）との合成語ですし、後者については、後年に ēlectron（昔からコハクを摩擦すると軽いものを引きつける性質があることが知られていた）の静電気をおこす性質から electric《イリクトリク》（電気）という近代英語まで生まれたことは、別著（『アラビアの鉱物書』など）でも触れたとおりです。が、またēlectronには、「金と銀との合金」という意味も古くからありました。奇しき黄金色の物質にまつわる歴史的な話は尽きませんが、それはともあれ、宝石の薬効については自ら《みずか》進んであまり多くを語ろうとしなかったプリニウスさえも、ことコハク（クリュセレクトルムも含めて）の薬効（喉の病気の予防、赤ん坊の護符の効能、激しい狂気や排尿困難の治療薬、発熱その他の病気の癒し、耳不調・弱視・胃痛への効能など）となると、人づての話ながら好意的（例のマギ僧たちの魔術的宝石療法に対しては敵意・嫌悪丸出しの非難を浴びせていました）に伝えているのが目をひきます。

金色に輝く石とその類似物は、いろいろな種類にわかれながらも、多くはクリュソ・何々《なになに》という名をとって、互いに共鳴し合いながら、私どもの心を何か引きつけるものがあります。今回の印刷体に間違いのあったクリュソリトゥス（正確にはクリュセレクトルム）の本文中には、コハクも、また明らかに山猫の尿といわれてきたリグリウスらしきものも（Ligurius については頭文字Lの［54］を参照）、それら何らかの描写・叙述も含めて、数種の石が登場してまいりました。が、もう一つだけ最後の項としてクリュソを冠した石が、アルベルトゥス・マグヌスの鉱物書には出てまいります。その名は次のクリュソパギオンであります。

[26]

クリュソパギオン

CHRYSOPAGION

クリュソパギオンはエティオピアから産出する宝石である。これは暗い場所では明るく輝くが、光りが当てられると石の明るさはあせていくといわれる。石は鈍い色だけしか後に残さないのである。それは、金がまだ隠されてるときのぼんやりとした淡い色のようである。腐敗したカシワ材とかホタルの出す光りのように、昼の明るさと夜の暗さが交互にあらわれるごとくに、その宝石には不確定な色の交互作用が生ずる。すべてのこうしたことについて、われわれは『魂について』の書のなかで完全で真実な根拠を提示するであろう。

クリュソパギオン（Chrysopagion）というきわめて聞きなれない言葉とその石の性質とについて、他の当該類似文献を当たってみますと、マルボドゥスの宝石賛歌の最後、六〇番目に、「エティオピアの大地が、このクリュソパキオンを産する。／暗闇がこの石を現わし、昼間の光りの時間がこれを隠す。／つまり、夜にこの石は火の光りときらめくが、日中の光りでは見えなくなる。／また、黄金の光輝によって色を失ってしまう。／このように、そこには自然の秩序の乱れが識別される。／というのも、夜が隠し、日の光りがあらわにするのが自然のならわしなのだから」とうたわれているのが、まぎれもなく、マグヌスのクリュソパギオンに相当するものですし、また古代ローマのプリニウスでは、『博物誌』第三七巻・一五六節の「クリュソランピス（←ギリシア語 chrysolampis《クリューソランピス》、文字どおりの意味は、夜を照らす「黄金色の松明《たいまつ》」）はエティオピアで発見されるもので、通常は青白いが、夜になると火のように輝く」と叙述されるものが、同じくその石だからです。

　ところでこういう言葉は、普通はギリシア語からラテン語へ、そして多少とも綴りは変化しても（例えば chryso《クリューソ》→ criso《クリソ》というように）、だいたいの発音は受け継がれていくものなのですが、chrysolampis は、マルボドゥスの crisopacion《クリソパキオン》といい、マグヌスの chrysopagion といい、それにマグヌスとだいたい同時代のこの石の中世ラテン語表記でもある crisopasion《クリソパシオン》, crisolimpbis《クリソリンプビス》といい、それぞれ何らかかちがいます。これらが元《もと》の言葉から、それなりにどう訛って出てきたものか、いくつかの私の憶測的語源解釈はありますが、外国の信頼できる筋はどれも chrysopagion をめぐる言語的問題には一切触れておりませんし、ここでは枝葉末節の問題として、いちおうやりすごすことにいたしましょう。ただ、アリストテレスの『魂について』（第Ⅱ巻七章四一九a以下）のなかに、暗闇に光るものが何らか燐《りん》光性のものであることが指摘されていること、それをマグヌスがさらに解説して、暗いところで光るものが、死んだ魚、腐った卵、ホタル、動物たちの眼などであること、その他いろいろ記述していることを申しあげておきます。

■Dで始まる石（4種）■

[27] ディアモン　DIAMON

ディアモンは「ダエモンの石」と名づけられているとのことである。それは「イリス（虹）」と呼ばれるダエモンの弓（虹）のように二色からなっている。人々が言うには、この石は病熱のある人たちに用いたり、また解毒に役立ったりするのだ。

これは短いテキスト（本文）ではありながら、いくつかの混乱があると考えられます。diamon《ディアモン》なんだから、呼び方からいって当然diamant《ディアマント》（adamas《アダマス》の項参照）の訛ったもの、ととれるでしょう。が、同じ一三世紀のアルノルドゥスやトマスの文献には、明らかにdemonius《デーモニウス》（悪魔）となっています。またマグヌス鉱物書の印刷本も、本文をご覧になればすぐにわかるように、daemon《ダエモン》（←ギリシア語daimōn《ダエモン》（ダイモーン）「スピリット、精霊、運命を分け与える者」）という言葉が出てまいります。ラテン語のdaemonはまた、皮肉にも中世キリスト教のきびしい洗礼を受けて、英語demon《ディーマン》（デーモン、悪魔、悪霊、極悪人、精力家。しかしギリシア神話では「守護霊」の意味となり、日本の大抵の英語辞典にも上記のような訳語がずらりと並んでいます。しかしもともとは、異教の古代ギリシア語としての daimōn《ダイモーン》は daiō《ダイオー》（運命を分配する）という言葉からきたもの（したがって「神、神霊」などの意味をもつ）と考えられ、祈りをこめて agathodaimōn《アガトダイモーン》（善い守護霊）にも多用されてきました（もっとも、kakodaimōn《カコダイモーン》「悪霊」もありましたが）。それが中世キリスト教時代になると、堕天使（悪魔）の意味に多用されるようになったのです。

しかし本文をよく読んでみると、ここでは世にいう悪魔《ダエモン》云々《うんぬん》をマグヌス自身が問題にしているのではないことがわかるでしょう。悪魔の石であれば、解熱や解毒の効能をもつ石というのも、また虹を悪魔の仕業と考えるのもおかしなものです。が、それはともあれ、虹石（イリス）はI《アイ》で始まる後述の箇所（[49]）をご覧いただくとして（虹石の叙述はマグヌスよりも一二〇〇年も前のプリニウス『博物誌』第三七巻・五二章にすでにある）、この石の色合いが虹のような二色（ラテン語で bicolor《ビコロル》）からなっている、というマグヌスらしからぬ叙述にもちょっと注目してみましょう。なんとなれば、マグヌスは、この『鉱物書』第I巻・第二篇・第二章で、虹の出す三色（tricolor《トリコロル》、つまり赤と緑と青）に触れ、虹を論ずるアリストテレス『気象論』（第三巻・二・三七一b三四）の解説で、この三色を虹色としているからです（ここでは、黄は赤と緑の単なる移行色としています）。しかも、この虹色のことは、アリストテレスが同じ『気象論』で、すでに一五〇〇年も前に次のように述べたとおりのものなのです——画家は混ぜ合わせてさまざまな色をつくり出すが、赤と緑と青は色の混ぜ合わせではつくり出せない。しかし虹はこれらの三色をもっている。だた、赤と緑のあいだにはよく黄色が現われ出ることはあるのだが（第三巻・二・三七二a〜a一〇）と。

宝石の出す生気的な色は、色のなかでも私どもを魅了してやまないものです。が、宝石のものに限らずとにかく色は目をとおして、われわれの健康にとって重要なファクターの一つとなる内分泌（目→脳の情緒中枢→内分泌系ホルモン）に影響を与えるからこそ、色彩療法は、これからの医学に特に重要になってくるのでしょう。

ちなみに、bicolor《ビコロル》（二色）という表現はアルノルドゥスとトマスに出てくるものだけに、表記のうえで本文には、何らかの混同があったとも考えられます。

［28］ディアコドス DIACODOS

ディアコドスは、ベリルにいくぶん似たところがあるといわれ、色の薄い石であるという。それはまた、さまざまな幻影をよく呼び出すので、魔術師が大いにこれを用いたともいわれる。しかしながら、これを死者のそばに置くと力を失うので、この石は死を恐れるのだと語られている。これらについて考えうる可能的な手法は、魔術師だったヘルメスやプトレマイオスやテビト・ベン・コラート（Thebit ben Corat）の著書に出ているが、今ここでそれらを論ずるつもりはない。

ディアコドス、正しくはディアドコス（diadocos←ギリシア語 diadochos《ディオドコス》「継承者、代理する者」）について、すでに一一世紀末に例のマルボドゥスは宝石詩に次のように書いています――「ディアドコスは、お告げを求める人々に、水をとおして、／悪魔《デーモン》のさまざまな像を見せるといわれている。／幻影を強く呼びおこすのは、他ならぬこの石である。／しかも、もし死者のそばにこの石を近づけると／途端《とたん》に、いつもの力を失うことになる。／確かに、その石は聖なる石であるが、死に果てた者に対しては恐れおののくのである。／ところでこの石は、ベリルの輝きに似ているといわれている」と。

さて、マルボドゥスのものにもデーモン（ダエモン「悪霊」）なる言葉が出てきたついでに、前項目と関連して申しおきたいことがあります。

デーモンにスピリトゥス（spiritus《スピーリトゥス》「精気、精霊」）の意味があったことは前項にも指摘したとおりです。一天《いってん》にわかにかきくもり、恐ろしい悪魔のような黒雲から稲妻がきらめき、雷鳴がとどろく凄《すさまじ》い空《そら》の形相《ぎょうそう》は、特にドイツで私もよく経験したことですが、ゲーテの有名な劇作『ファウスト』にも登場するワルプルギスの魔女たち、その彼女らが住むというハルツ山系（ドイツ北部）にはいちだんとデモーニッシュ（dämonisch《デモーニッシュ》）な黒雲たなびくのをよく見かけたものでした。空気中にはデーモン（＝spiritus《スピーリトゥス》←spiro《スピーロー》「息を吹く、呼吸する、霊感を受ける。→英語 in-《イン》「中へ」・spiration《スピレーション》「息を吹き込むこと」）が住む、という考えは、『ヒルデガルトの宝石論』でも触れましたが、豪雨のあとに美しくもすがすがしくかかる虹の天の浮き橋は、いったい悪魔とどうかかわるのでしょうか。それは、悪魔のかつて昔の素姓が「光天使」（←luci-《ルーキ》「光の、光りを」）・fer《フェル》「もたらすもの」）だったことを思いおこしてください。自らの光り輝く姿を見て悦に入り、神を見下《くだ》すその傲慢さを罰せられて地獄に堕《お》とされたなれの果てのlucifer《ルーキフェル》（ドイツ語 Luzifer《ルーツィフェル》「悪魔王」）の話と、何らか関連があるかもしれません。

それはさておき一つ、本文中に記載されていた魔術師テビト・ベン・コンラート（アラビア名 Thabit《タビト》 Ben《ベン》 Qurra《クラ》、九世紀バグダートで数冊の数学・天文学関係の本を著作したが、魔術の手法書も書いたことで有名）のいわゆる“Liber《リベル》 pr(a)estigorum《プレスティゴールム》”（幻影の書）のなかに、ヘルメスとプトレマイオスが引用されていることを付け加えて、この項を終わります。

[29] デュオニュシア（ディオニシア） DYONYSIA

デュオニュシア（←ギリシアの主神ディオニュソス）は、鉄のように黒い石であるが、そこにピカピカ光る赤い玉粒があり、ブドウ酒の匂いがする。まさにそのブドウ酒の匂いによって、酒の酔いは打ち払われる。それは多くの人々にとって驚くべきことと思われている。そのわけは次のようなことである。つまり、酒はその匂いによってではなく重苦しくよどむ蒸発気によって麻痺した酩酊を引きおこすが、この石の自然な匂いは酒の蒸発気を解き放ち追い出す作用があるからである。

以上の考え方は、これからの療法、つまりホメオパシー（homeopathy《ホウミアパシ》）という類似（類感）療法にも通ずるもの、いわゆる similia《シミリア》 similibus《シミリブス》 curantur《クーラントゥル》（同類は同類によって治される）を基調とする医学でなくてはならぬと思われます。一九〜二〇世紀とつづいてきた抗生物質大量生産の敵撲滅的爆弾的異物療法（アロパシー、つまりcontraria《コントラリア》 contraris《コントラリース》 curantur《クーラントゥル》「反対のものは反対のものによって治される」）の病気治療は、予防とか健康主体を重んずる類似医療の補助医療でなくては、人類の健康は保障できないものと私は確信しています。医者とか合理的科学者とかのなかには、「二日酔いは迎い酒で治る」という古代からの考えを非科学的として却《しりぞ》ける向きもありますが、この類似療法的迎い酒はその処方の量とか体質その他いろいろの問題をクリアーしなくてはならぬこともあり（そこにこそ、ホメオパシー基礎理論の研究が要望されるわけです）、迎い酒少量なら大丈夫だれにもよく効くなどの神話は成り立たないのが道理というものでしょう。

[30] ドラコニテス（蛇石） ▼I-39 DRACONITES

ドラコニテスは、大蛇の頭から取り出された石である。それは、大蛇の多くいる東方からもたらされる。この石の効能は、ボラクス（ガマ石）の場合と同じく、まだ生きてピクピク動いている大蛇から取り出さなくてはならない。そのヘビが眠っているとき待ち伏せして突然に襲い頭を切り裂き、ヘビがまだピクピク動いているときに石を取り出す。というのも、魂の活動が、動物の

Operationes

d. Es aũt a splendore aeris dicit: sicut et m ⁊ argentũ. Apud antiquos prior eris q̃ ferri cognitus est. e quippe primi ꝓscindebãt terram ⁊ certa belli gerebãt. erat qꝫ in ꝓcio es magis. arũ ṽo ⁊ argentũ ꝓpter inutilitatẽ reijcie-ar. Nunc autẽ viceuersa iacet es ⁊ aurum no cessit honore. ¶ Inter omnia ṽo me-es vocalissimũ est ⁊ maxime potestatia. o ⁊ enea lamina fiunt.

Capitulum. xlvij.

D Raconites. Alb. Draconites est lapis a capite draconis extract⁹. et fert ab oriẽte vbi sũt dracones magni. Virt⁹ ei efficat sic lapidis q̃ vocat borax qñ de dracone extrahit adhuc viuo palpitãte. Insidiant aũt draconib⁹ dormientibus subito scisso corpore draconis adhuc palpitante euellunt lapidem.

Operationes.

Alb. i mirabilib⁹ dicit q̃ draconites deuin-t inimici. ꝯ venena valet si de viuo extraha ⁊ dz ferri in sinistro brachio. Amme enim

de sup quẽ ꝯuenerat pl⁹ q̃ x. serpẽtes int montes i q̃dã prato. ⁊ cũ trãsitũ facerent: inde dñs terre milites euaginatis gladijs sciderũt serpẽtes in mlt̃a frusta. ⁊ in fundo tñ q̃dã magnus iacuit serpẽs i multas ptes incisus: ⁊ sub capite serpẽtis inuẽt⁹ est lapis niger format⁹ vt piramis abscissa nõ plucid⁹ i circuitu colorꝫ pallidi pulcerrimũ habẽs descptũ serpẽtẽ. Et hũc lapidẽ ab vxore eiusdẽ nobilis mihi ꝓsentatũ cum capite eiusdẽ serpentis.

¶ Itẽ dr venena fugere que sũt a morsib⁹ animaliũ venenatoꝝ. Victores dr etiam efficere.

Capitulum. xlviij.

D Eimõis. dyadochos. ⁊ droselit⁹. Albert⁹. Deimõis est quidã lapis bicolor vt arc⁹ deimonis q̃ iris vocat. Est aũt deimon dict⁹ q̃ grece intellectũ vel stellã clarã sitillantẽ sonat. Idẽ. Dyodochos est lapis pallidus: dr aliquantulũ berillo similis.

Operationes.

¶ Alb. Lapis deimõis dr ꝯferre febricitãtib⁹: venenosa pellere: ⁊ tutũ ⁊ victorẽ reddere.

¶ Dyadochos dr fantasmata intantũ excitare q̃ magi maxime hoc vtunt. tñ applicat⁹ defuncto. vires amittit. q̃r morte odire ꝓhibetur Hoꝝ aũt ratio haberi potest in libris magoꝝ hoc est hermetis. zebit. bencorath. ⁊ ptolomei de quib⁹ nõ presentis intentionis.

¶ Arnoldus. Droselitus est lapis varius: cuius nominis causa exritit. quia si ad ignem applicetur velut sudorem emittit.

中でつくられる残余のものにまで多くの効能を付与してくれるからである。とにかく、動物が体液の腐敗によって自然死する場合であれ、打ち殺されて死体が腐っていくときであれ、死の腐敗によって、動物はかなりの変化をこうむるからである。私自身がかつてアラマニア（ドイツ）のスワェビア（シュヴァーベン）で一つの岩石《いわいし》を見たことがある。その石の上には五〇匹以上の大蛇が集まっていた。山あいの草原《くさはら》のなかである。この土地の君主がそこを通りすぎようとしていたときのことである。彼の兵士たちが剣を抜いてそれらのヘビを多くの小さな切片に切り裂いた。するとその頭の下に切り離されたピラミッド型の黒い石が見つかった。それは透明ではなく、石のまわりには薄い色のすじがついており、非常に美しいヘビの模様が描かれていた。この石がそのヘビの頭とともに、あの貴族の夫の妻から私に贈られ、私はそれを大事にしまっている。蛇石は、毒を散らし、特に有毒な動物に咬まれたときの毒を追い払うといわれている。人々の言うには、またそれは勝利をもたらすものだということである。

ここに述べられているアルベルトゥス・マグヌスの所持していた贈物の蛇石が、おそらく化石のアンモナイトだったことは想像にかたくないと思います。私自身、ハイデルベルクのハウプト・シュトラーセ（メイン・ストリート）の街角のある宝石店で、実際にいくつかの立派な蛇模様のアンモナイトを買った、という数十年前の記憶までが今まざまざとよみがえってまいったところです。

ちなみに、蛇石の話は、プリニウス『博物誌』第三七巻・一五八節に興味深い一文がありますので、図書館ででもご参照になればと思います。

「ドラコニクス」（左図）その他▶
『健康の園』（Hortus Sanitatis）、1499年版

■Eで始まる石（7種）■

[31] エキテス（鷲石） ▼Ⅰ-40 ECHITES

エキテスは宝石のなかでも最上のものであり、色は深紅色、ある人たちにはアクィレウスと呼ばれ、また別の人たちにはエロディアリスと呼ばれる。そのわけは、鶴が二つの卵のあいだに石を置くように、鷲（ラテン語で aquila《アクィラ》とか herodius《ヘーローディウス》→アクィレウスとかエロディアリス）はエキテス石（←ギリシア語 aetos《アエトス》「鷲」）をときおり自分の巣の卵のすぐそばに置くからである。それというのも、われわれにはコロニア（ケルン）で、鶴が多年にわたりある庭園で雛を育てている様子を実際に観察したのである。エキテスはその大抵のものが大海の岸近くに見つかるが、そこにある最上の種類の石が、鳥たちの英雄（hērō《ヘーロー》、複数形が hērōes《ヘーローエス》）である erodius《エーローディウス》（← eroes《エーローエス》← heroes《ヘーローエス》）のものなのである。この石はまた、ときにはペルシアでも見つかるという。しかしこの種類はその中に別の石を含み、手で振ったり揺すったりすると音がする。左腕に吊るすと、この石は妊婦を力づけ流産を防ぎ出産時の危険を軽減してくれるという。さらにはある人たちが言うように、それは癲癇《てんかん》のしばしばおこる発作を防いでくれる。さらにもっと驚くべきことは、カルデア人たちが伝えていることだが、ある食物に毒が盛られているのではないかと疑わしかったら、食物の中にこの石を置くと、その食物は喉《のど》を通ることができなくなるが、石が取り出されるとすぐに喉を通るようになるということである。それはそうだが、さて鷲がどうして自分の巣にこの石を入れるのか、よくはわからない。というのも、鶴は、どんな種類の石を自分の卵のあいだに置くかには注意を払わないで、鶴はときどきある石を巣のなかに置き、別の年にはまた別のある石を置くことを、われわれは実際の観察によってみてきたからである。ある人々は、鷲は、卵があまり熱くならないように、卵の熱を下げるためか、あるいは自分の体熱を下げるために、こうしたことをするのだと言っている。そうしたことはありそうでもある。しかしまたある人は、石が卵を形《つく》りあげ活気づけるために何らか役立つと言っている。さらになお別の人たちは、その鳥が、卵をこわさないように卵のあいだに石を置くのだという。しかしそれは全く間違っている。というのは、卵たちはお互いにぶつかり合うよりも石にぶつかることによってのほうがずっと早く破《こわ》れてしまうだろうからである。それはともあれ、ある人たちの言うところではまた、もし誰かある人が毒を盛ったとして、その人に嫌疑がかけられているのなら、この石がその人の食物のなかに入れられるとき、もし彼が罪を犯しているなら、彼はすぐにその食物に喉がつまってしまう。しかし、石が取り去られるなら、彼はその食物が食べられる。しかし、罪を犯していないなら、石が食物のなかに入れられていても、入ったままその食物を呑み込める。

いろいろな動物に不思議な力がこめられていて、それらがさまざまな霊力をもつという様子が中世の話題になっていたとき、アルベルトゥス・マグヌスは、科学的な動物の生態観察にすぐれていた古代ギリシアの哲学者アリストテレスの『動物誌』に啓発され、中世時代の動物話をただ信ずるだけには終始せず、動物へのできるだけ熱心な生態観察によって自ら真実を探究するという努力を怠りませんでした。その様子を私どもは彼の動物論からつぶさにうかがい知ることができます。本文中にある鳥の中で英雄（ギリシア語 hērōs《ヘーロース》「英雄」→英語 hero《ヒーロウ》→日本語で「ヒーロー」）的な大鷲の巣を毎年、六年にわたって険《けわ》しい山の高みに山頂からおろした長いロープを使って屈強の人に観察させた興味深い様子の一端までがうかがえます（『動物論』・第六巻・第一篇・第六章）。

[32]

エリオトロピア（血石、血玉髄）▼ I-⑲

ELIOTROPIA

エリオトロピア（←ギリシア語読み「ヘーリオトロピア」）は、ほとんどスマラグドゥス（エメラルド）に似た緑色で、血のような赤い斑点の散在した石である。降神術者の言うには、これはバビロン産の宝石で、その呼び名はエリオトロピアである、と。また、なぜエリオトロピア（eliotropia ＝ heliotropia ←ギリシア語 hēlio-《ヘーリオ》「太陽の、太陽の光りを」・tropē《トロペー》「向きを変えること、変向、転向」）という名前がついたのかのわけは次のことから。つまり、これに同名の植物ヘリオトロピアの液汁を塗って、水に満たされた容器の中に入れると、あたかも日食であるかのように、その石は太陽を血の赤い色にかえて見させるからである。が、またそうなる理由は実際には以下のとおりである——つまり、この石が水すべてを沸き立たせて蒸気に変えてしまい、その蒸気が空気を濃縮して、太陽がその圧縮した雲のなかでは、ただある赤い輝きとして以外は見えないからである、と。さてその後は、雲は露になり、雨滴となって落ちてくるというわけである。ところで、この石はある呪文を唱えて清め聖化されなくてはならない。その際、ある特殊な記号がいろいろ用いられる（という）。そしてここに居合わせた人たちが神がかりするなら、彼らは神意に感じてある事柄を予言する。それゆえに（バビロン地方の）神官たちは、この石を偶像崇拝の祝祭に大いに用いるというのである。またこの石はそれを持つ人に名声と健康と長寿を与えるという。さらに出血とか毒物に対しても有効だといわれる。さらにまた次のようにもいわれる——われわれが前述したように、同名のハーブの液汁を塗って携《たずさ》えると、この石が人の目をあざむいて、所持者の姿を見えなくさせるほどである、と。ところでこの石は、エティオピアとかキプロスとかインドでしばしば見出される。

マグヌスより二〇〇年前のマルボドゥスは、あたかもそれらが真実であるかのように、さらにさらにエリオトロピアの霊力を賛美しつくそうとさえしました。が、さらにマルボドゥスの一〇〇〇年前のプリニウスは、アルベルトゥス・マグヌスの本文中に引用されているような不思議な神がかり現象に対しては、マギ僧たち（古代ペルシアの神官たち）の「ずうずうしさもここにきわまれり」とまで憎々しく言い放つほどの悪口罵言を呈していたのであります（『博物誌』第三七巻・一六五節）。それらに比較するとマグヌスは、いとも科学論証的といおうか、このエリオトロピア石が一種の物理・化学的現象をおこすこと、例えば炭酸水の沸騰現象とか、酸に対する石灰石の化学反応とかのように考えていたのではないかと思われます。マグヌスはマグヌスで、自分自身の思わくがあったことは当然でしょうが、彼の考え方には、盲目的とか主観的思い入れとかではなく、観察・実験という近代的実証性を謙虚に追求する真摯《しんし》な姿が見えます。その姿を見ると、またしても現代理論物理学者で宗教にも深い洞察のあったアインシュタインの「科学なき宗教は盲目である」という言葉をしみじみと思い出します。反対に宗教なき科学は道を間違うとか、三次元的な物はあれど心なしとか、三次元立体の仏はつくれど魂は入《い》れず、などなどの現代科学批判は、いろいろと折に触れて語ってまいりましたので、ここでは、屋上屋《おくじょうおく》を架《か》すようなこれ以上の話はいたしません。

ただここでひと言、じつはラテン語本文中のvenerea《ウェネレア》（愛欲・恋愛の女神・venus「ウェヌス、ヴィーナス」に属す事柄、肉欲、情事）についてですが、これは、他文献との照合によって、venea《ウェネア》（venenum《ウェネーヌム》「毒」の複数形）と読むのが正しいと考え、本文では「毒物」と訳したことをご諒承ください。

[33]

エマティテス（ヘマタイト、赤鉄鉱）

EMATITES

エマティテスは、アフリカ・エティオピア・アラビアで見つかる石である。色は鉄（または、鉄錆）色で、血のような赤い筋がなかに通《とお》っている。石の効能は非常に収斂性が強く、潰《つぶ》して水に混ぜて飲むと、小便や大便や月経の流出過多に対する薬剤となることが経験上確認されており、また血の混じった唾液の流出をも癒してくれる。さらに、粉末状にしてブドウ酒に混ぜると、潰瘍とか傷を癒し、傷のなかに増殖する贅肉状の物までも腐食してくれる。また、水分（涙）過多が原因でぼんやりと鈍くなった視力を強めて治療し、瞼のざらざらをも緩和してくれる。

Haematites《ハエマティーテース》 の Haema-《ハエマ》 は、ギリシア語で haima《ハイマ》 つまり血の意味ですが、この石は黒い色をした種類もあり、プリニウスはこれに五種類あると紹介しています（『博物誌』第三六巻・一四六〜八節）。第一位を占めるのがエティオピア種、第二がアフリカ種、第三がアラビア種、……として、それぞれの効能も記述しています。マグヌスが本文中に述べている効能はすべて、プリニウス紹介の五種のどれかに該当していますが、どれにも共通しているのが、「血液の病気に効く」という効能のようです。プリニウスは第三七巻・一六九節でもハエマティティス（いちおう厳密にはハエマティテスとは別種のもの）のことを、「最上質のハエマティティスはエティオピア産だが、アラビアでもアフリカでも発見される。これは血色をしている」と言っています。

　この石についてまた少し、例のM・ギーンガーの『宝石療法』の本を読んでみると、神話的所見のところに、「Hämatit《ヘマティート》（ドイツ語の赤鉄鉱のこと）は、すでに古代エジプトやバビロニアでは、造血とか止血に役立つ石として用いられた。そのために赤鉄鉱は、中世ではBlutstein《ブルートシュタイン》（血石）という名でも呼ばれた」とあります。医学的所見の箇所では、ヘマティートが私どもの人生に活力を与えてくれることを指摘し、小腸に鉄分をとりこむことや赤血球の形成とかによい刺激を与え、健康を安定化してくれるという赤鉄鉱の功徳《くどく》にも言及しています。さらに使用法としては、皮膚に直接触れるように所持することが大切である、とも書いています。とにもかくにも、赤鉄鉱の化学組織は$Fe_2O_3 + Mg, Ti + (Al, Cr, Mn, Si, H_2O)$であり、体内の微量元素との共鳴・共振の問題もあります。さらに、それが産出する土地とそこに住む人たちの心性との奇しき照応・共鳴には、何ともいえぬ不思議さを感ずる近・現代の鉱物採集家・学者諸氏の述懐もあります。これから詳しく解明されなくてはならぬ問題が、目下は山積していることだけを指摘して、次の項目に移ることにいたしましょう。

[34]

エピストリテス(ヘファイストス石) ▼I-20 41

EPISTRITES

エピストリテスは、海に生成し、赤く輝いた石である。呪《まじな》いとか身につける護符について書いた本の中でいわれていることだが、心臓の前にあたる部位にこの石をつけると、石はその人を安全に保護し、裏切りを阻止してくれる。また、イナゴや螟蛾《めいが》や霧や霰や嵐を防ぎ、大地の実りを守ってくれる。さらに、実験的にも確かめられているように、石が太陽の目に直接さらされると、火とか火の光線を発する。また、もし煮えたぎった水の中にこの石が入れられるなら、その沸騰の噴出は止まり、やがて冷えるといわれる。この原因は、石が極端に冷えているということ以外にはありえない。つまり、沸騰した水の熱によって石がモーションをかけられ、その石自体の性質である冷たさが活発になり始めるのだ。

ギリシア神話上の火・鍛冶の神ヘファイストスにちなんで名づけられたこの石については、第I部の当該箇所と比較検討してみてください。

[35]

エティンドロス（含水石）

ETINDROS

エティンドロスは色がクリスタルに似た石である。絶え間なく滴《したた》る水滴は熱のある人に効力があるといわれている。中の水がなくなるというのに、石は小さくもならず崩壊もしない。しかし、その原因は実際は次のようなことである。つまり、石の本体からは水滴が決して滴《したた》らないで、石が極度に冷たいものだから、石と直接に接している空気が絶えず水に変わっていくからである。温かくなり冷たさが解消すると、堅くてよく磨かれた石に水滴がよくできることがあるように。

マルボドゥスにはEnidros《エニドロス》, Enhydros《エンヒュドロス》（ギリシア語でen-《エン》「中に」・hydōr《ヒュドール》「水」・があるもの）としてある石が、今日われわれの実際に見る「水を含んだ半透明の玉髄（カルセドニー）」（プリニウス『博物誌』第三七巻・一九〇節にenhygros《エンヒュグロス》と出てくるもの。ちなみにhygros《ヒュグロス》はギリシア語で、「湿った、水分のある」という意味）であるのかどうか。紀元三世紀の有名なラテン著作家・ソリヌス以来、中世ではEnydros《エニュドロス》（←Enhydros《エンヒュドロス》）、Enidros《エニドロス》、Elidros《エリドロス》、そしてアルベルトゥス・マグヌスのEtindros《エティンドロス》として親しまれてきたこの石は、非常に美しい詩句で「エニドロスは、永遠に泣きつづける涙で濡れている。／涙はまるで満ち溢《あふ》れる泉から湧き出るかのようであるが、／その自然の原因を理解することは難しい。／というのも、もし石の実質が流れ出てしまうならば、／なぜだんだん小さくならないのか、また、なぜ全く溶けてなくならないのか。／もし外の露がいつも逆流するほど内部に滲《し》み込んでいくなら、／なぜ自《みずか》らを止《と》めないのか。／なぜ出ていくのに逆らって入っていくのか」（マルボドゥス・四六番目の石）とうたわれている石で、おそらくソリヌスはプリニウスの当該箇所を間違えて、「汗を出す別のきわめて冷たい石」、つまり、温かい空気に触れると水滴のよくつく石と勘違い、まさに合理的観察眼のあるマグヌスが本文中に推測したとおりの別石であるのではないと一般に考えられています。

[36]

エクサコリトゥス EXACOLITUS

エクサコリトゥスは、医者のうちの熟練した者たちが述べているように、まだら模様の石で、ものを分解させる力をもっているという。ブドウ酒に混ぜて飲むと、疝痛や腹痛に効果があるともいわれている。

折角の記載ではありますが、Exacolitus《エクサコリトゥス》という名はおおかたの鉱石記述のカタログには見当たりません。実際にここの項目箇所で述べられるはずだった石は、Exhebenus《エクスヘベヌス》（プリニウス『博物誌』第三七巻・一五九節参照。白い粘土で一種の磨き粉）であったのに、写本の写字生が、すぐ次に出てくるExacontalitus《エクサコンタリトゥス》に目を奪われて、ついExacolitus《エクサコリトゥス》と書いてしまったのだ、とうがった見方をする最有力の解説者もおります。ちなみに、本文中にある疝《せん》痛（colica《コリカ》）はExacolitusのcolitusと関連する言葉でもありますから、それにも同調して間違った命名になったのかもしれません。こういうことは、写本を書き写す古代・中世の場合にはよくおこりえたことですから。

[37]

エクサコンタリトゥス（六〇色石）

EXACONTALITUS

エクサコンタリトゥスは六〇ものさまざまな色合いをもった石である。大きさは非常に小さい。この石はリビアに見つかることがかなり多いが、穴居族（主としてエティオピア地方に住んだ種族）たちの住むところにも見つかる。それゆえに人の眼を震動させるといわれている。

Exacontalitus《エクセコンタリトゥス》はまぎれもなく、プリニウス『博物誌』第三七巻・一六七節に出てくる古典ラテン語Hexecontalithus《ヘクセコンタリトゥス》（←ギリシア語hexēconta《ヘクセーコンタ》「六〇」・lithos《リトゥス》「石」）に相当する中世ラテン語であり、またそこには穴居種族、すなわちトログロディテス（Troglodites←ギリシア語troglē《トログレー》「穴」、dytēs《デューテース》「穴に住む動物。もとはネズミを指していた」。一般には、エティオピアやスーダンの北部の部族とされるが、その他にも、アフリカ北西部のアトラス山脈からコーカサス地方までの地域に分布していたといわれている）のことも、あわせて記述されております。

それはともかく、例のマルボドゥスも簡単ながら、その宝石賛歌（第三八章）で次のようにうたっています――「エクサコンタリトゥスは次のことから名づけられた。／つまり、この小さい丸い石の中には六〇の色が混在しており、／その大きさがあまりにも小さいという欠点をカバーしている。／これほどの色をつくり出しているのは、数ある宝石のなかでもこの小さな粒だけである。／リビア（アフリカ北西部）のトログロディテス族の住むあたりで発見される」と。

多い数をあらわす六〇が一種の神聖数であることはともかくとして、アルベルトゥスや彼の同時代人たちは、エクサコンタリトゥス石が目をまどわすといわれてきたオパールの一種と考えていたのでは、と思われます。これについては、後述の、Oで始まる石の［68］Ophthalmus《オフタルムス》と、Pで始まる石の［71］Pantherus《パンテルス》を参照してください。

では、次のFに移りましょう。

■Fで始まる石（2種）■

［38］ファルコネス（鷹石）▼I-28

FALCONES

鷹石《ファルコネス》は別名でアルセニクム（arsenicum 砥石。砒素を含む石）と呼ばれている。また一般にアウリピグメントゥム（auripigmentum←ラテン語 aurum《アウルム》「黄金」・pigmentum《ピグメントゥム》「絵具」）とも呼ばれているが、これは同じものを意味している。さてこの石は、黄色と赤色をした石の種類に属しており、これを錬金術師たちはスピリトゥス（揮発性の精。英語の spirit《スピリト》←ラテン語 spiritus《スピーリトゥス》←spiro《スピーロー》「息を吐く、吹く、発散する」）の一つと呼んでいる。それは熱し乾かす作用をもつということで、硫黄の性質をもっている。それは火によって灰化されると黒くなり、昇華されると、それはただちに白くなる。またもし再び灰化されると再び黒くなり、再度の昇華によって非常に白くなる。そのようにして、これが三度、四度と同じく繰り返されると、それは激しくものを腐食するようになるので、これが銅と結合しようものなら、それは直《ただ》ちに銅に穴をあけ、このようにして、金だけを除いたすべての金属を激しく燃焼する。その結果、銅に用いられた場合、これは銅を白色にかえる。それゆえ偽作者たちは、銅を銀に似させようとするとき、これを用いるのである。というのも、この鷹石には大いなる作用力があるのだから。

空を悠然と軽快にあるいは急速度・急角度に舞い上がったり舞い下りたりする鷹(falco)、または鷹の色にちなんでつけられたと思われる鷹石、その成分は砒素化合物、性質は猛毒で苛烈な腐食作用をもつといいます。灰化したり昇華したりする精(spiritus)であるこの物質は、また目のさめるような赤色の鶏冠石(英語 realgar《リアルガー》←アラビア語 rehjal《レヒアル》-ghār《ガール》「鉱坑の粉末」、AsS)であったり、雄黄(英語 orpiment, auripigment, yellow arsenic, As_2S_3)であったり、また本文中にもあるように、以上のものが火によって黒色(灰化とか砒素蒸気とかの特殊な場合など)や白色(五酸化砒素 As_2O_5)に変貌したりもするのです。これこそまさに、中世錬金術行程の黒→白→黄赤色という驚くべき妙技を地《じ》でいくことになるものでしょう。本文に「錬金術師たち」というくだりが出てくるのも当然といえば当然のことであります。錬金術は、よく「色の染色術」といわれてきましたが、本文にもあるように、銅はいくら白くなって銀に似てきたといっても、銅→銀という元素転換は全くできていない(元素転換はきわめて難しいとしながらも、これを全く否定したわけではありません)と知りながらも、実験家のアルベルトゥス・マグヌスは本文で、実験操作を繰り返し記述しました。しかしその実験に気をとられすぎたのか、砒素化合物の薬剤への言及は全くしておりません。何百年も、いや一〇〇〇年以上も前に古人は砒素の薬剤効果の妙味を縷々《るる》述べているというにもかかわらずです。

そこでいま少し、私自身が二一世紀の本格的な医薬としてしっかり身につけようとしているホメオパシーの療法の一つに、猛毒の砒素化合物を使用している場合がありますので、それとの関連でこの際、砒素の薬剤記述を「薬物学の父」ディオスコリデス（紀元一世紀）の『薬物誌』第五巻一二一〜二から引用してみることにしましょう――「（121）Arsenikon（雄黄）――雄黄は、次項で述べる鶏冠石と同じ鉱山に産する。最上の品質であるとみなされているものは、粒状集塊で、黄金色をしており、魚のうろこ状の外皮をもつ、……。雄黄には二種類あり、……もう一種のものは塊状で、ポントスやカッパドキアに産する鶏冠石と同じ色をしており、品質としては二番目のものである。雄黄の焙焼法は次のとおりである。鉱石を新しい陶製の器に入れて炭火にかける。絶えずかきまわし、灼熱して色が変わったら冷却する。これを細かく砕いて保存する。その薬効に、腐敗作用、収斂作用、火傷を痂皮化する作用、および強い腐食性である。これは組織の異常増殖による隆起を抑制する医薬品に属する。これはまた脱毛を促す」とあります。さらに、「（122）Sandarachē《サンダラケー》（鶏冠石、さきの realgar のこと）――鶏冠石のうちで最上の品質のものとみなされるのは、真紅でもろく、粉々に砕きやすく、純粋で辰砂のような色をしており、硫黄（S）臭のあるものである。その薬効および焙焼法は雄黄の場合と同様である。ロジン（松脂《まつやに》、樹脂）に混ぜて用いると脱毛症を治し、ピッチに混ぜて用いると癩《らい》に冒《おか》された爪を剥《は》ぐのに役立ち、油に混ぜて用いれば、ノミの寄生による疾患に効き、獣脂を混ぜて用いると、小さな腫れものを散らす。また鼻や口の潰瘍の治療にもよく、バラ香油と混ぜて用いれば、他の膿疱に効き、コンジロームも治す。腐ったものを吐く患者にはムルスム（ハチミツ酒）とともに与える。ロジンとともに炊いた煙を管で口から吸うと、その香りが慢性の咳に効き、ハチミツとともに舐めれば声嗄れを治す。ロジンとともに喘息患者には丸薬として与える」と。

ディオスコリデスと同時代人でありながら、相互交友は全くなくそれぞれ別々に著作をしてきたプリニウスも、鶏冠石（第五五章・一七七節）と雄黄（第五五章・一七八節）にそれぞれ一章を与え、鶏冠石に対しては、ディオスコリデスの薬効に加えて、洗浄・止血・去痰・燻蒸、その他、咳・喘息薬としての効能を、雄黄に対しては、肛門の腫れを除く作用その他を列挙しております。

猛毒といわれる砒素が、以上のように広く役立つのだという知見は人類のすばらしい発見なのでありますが、そのためにまた、多くの毒にあたり生命《いのち》を失ったり重い不治の病にかかったりしてきた数知れない人々の犠牲があったことも忘れてはなりません。すべての強烈な薬は、同時にまた強烈な毒ともなることは、現代のアロパシー療法（広汎な強い副作用をおよぼす化学抗生剤中心の対症療法）を見ればわかるとおりです。これは、強い癌細胞を撲滅するには局所的爆弾をうまく投下するのだとはいうものの、およそ体の生態的自然の機構・機能を精細に愛情深く調べていけばわかるように、その生態系全体が打撃を受けるはずでありましょう。正統と称するアロパシーはすべてものを善玉と悪玉に区別し、調和を乱すものは悪玉、悪玉は徹底してやっつけるべきと決めつけるやり方ですが、それよりも、細胞全てが、いかに精細に見事に連繋し合ってせっせと速《すみ》やかに協力し処理し合って、一つの有機体全体を健全にしようと努力しているかを謙虚に考え直し、敵も味方も、これはそのときどきの一事象として受けとめ、何よりも体全体がよい培養土でさえあれば、ともに何らか共存できると考える必要がありましょう。そのためには私どもは、各細胞が自己および同僚のために、いかに思いきり体をはってアンテナを張り自然のサイクル・サインを相互に受信・送信し合って協力しているかを知らねばなりません。しかしそのためには、ある弱った細胞に送信する愛情のこもった送信物はきわめて弱いエネルギーをもったものでなくてはならないでしょう。弱くても、それがその細胞に最もフィットし共鳴できるものでさえあれば、この細胞は勇気百倍、そのエネルギー活力はすっかり生き返って、他の幾百万の細胞にも連鎖的なプラスエネルギーを送信することができるようになるでしょう。

以上ホメオパシー療法のことはまた後でも少し詳しく、何らか実際の事例を種々あげることによって説明したいと思います。が、とにかく、さきの砒素を例にとりますと、猛毒と一般にいわれているものを類似療法《ホメオパシー》的に体に投与し、それによって体全体の症状を平静化しバランスよく健全に保つようにさせるのです。そうして体内の自然サイクルを同調的に確保するようにさせるのであります。

その当の砒素ホメオパシー治療薬というが、例えばアルセニクム・アルブム（Arsenicum album、ラテン語 arsenicum「砒素、砒石」←ギリシア語 arsēn《アルセーン》「男、荒々しい性格をもったもの」、album はラテン語で「白い」）であり、俗に「毒粉（ドイツ語で Giftmehl《ギフトメール》）」と呼ばれる悪名高き白色の粉末（水溶性の三酸化砒素）、しかし一種の錬金薬、麻薬であります。

ここで考えなくてはならぬことは、砒素は私ども自体の体《からだ》の中にも、げんに大切な微量元素の一つとしてちゃんと存在していろいろ共鳴し合っているということです。今後、ホメオパシー研究とならんで、微量元素の精緻な研究も進められていくことでしょうが、それはともあれ、さきのディオスコリデスやプリニウスの砒素薬剤の効能の箇所にもあったように、ホメオパシー薬剤としてのアルセニクム・アルブムも、喘息のぜいぜいと咳こむ症状や嘔吐、その他、また古代文献にはなかった心身相関症状など、急性・慢性のやや極端すぎる症候群に対しても、その量次第（ごくごく希薄にしたもの）では着実に適応していくことを申しあげ、すべては後述のやや詳しい説明にゆだねるとして、とりあえずは次項に移ることにいたします。

[39] フィラクテリウム（魔除け石） FILACTERIUM

フィラクテリウムは、宝石商人たちの言うには、貴橄欖石《クリュソリュトス》と同じ宝石であり、そして同じパワーをもっている。

フィラクテリウム（Filacterium←ギリシア語 phylactērion《フィラクテーリオン》「守護するもの、魔除け」）という言葉が出てくるのは、マルボドゥスの宝石賛歌（貴橄欖石の項）の Esse《エッセ》 philacterium《フィラクテーリウム》 fixus《フィクスス》 perhibetur《ペルヒベトゥル》 in《イン》 auro《アウロー》（この石を金にはめこむと、魔除けになるといわれる）の箇所ですが、あまりにもクリュソリトゥスの魔除け効果がすぐれていたためか、「魔除け石《フィラクテリウム》」が独立した見出し語として、つい誤ってここに置きかえられてしまったのでしょう。文献的にはアルベルトゥス・マグヌスよりおよそ一〇〇年近くも前（？）に生まれた通称「サクソンのアーノルド（アルノルドゥス）」のものに初めて出てきております。

では次、Gで始まる石に移りましょう。

■Gで始まる石（7種）■

[40] ガガテス（黒玉） ▼I-26 38 GAGATES

ガガテスは、カカブレのことである。この石を私はいちおう宝石の種類に属するものと考えている。これは、リビアとブリタニアの海岸周辺に見つかる。テウトニア（ゲルマニアの北部地方）の北の海岸に接する海の中にも豊富に見つかる。アングリア（イングランド）にすらしばしば見つかる。この石は、黒色とサフラン色の二種類あるが、サフラン色のほうは、トパシオン（トパーズ）のようにほとんど透明である。青灰色のものも見つかるが、色あせると、シトロン色がかった灰色になる。こすると、石はもみ殻を引きつける。火をつけると、これは乳香のように燃える。言われるところによると、これは水腫の患者に有効であり、ゆるんだ歯を固定するという。その石を水洗いした水とか、または石を燻蒸したものを膣座薬として下から女性に用いると、月経を促すことが経験で確かめられている。さらに、この石はヘビを追い出し、胃腸障害に対し、また黒胆汁による妄想に対しても効力があるという。ある人たちはその妄想のことを悪魔と呼んでいるが。また実際にあったことだと人々は言うのだが、石を中に入れて洗ったその水を濾《こ》し、その石から削りとったいくつかの薄片をその水に入れて女性に与えると、水を飲んだあとも、それを体内に保ったままで小便をすることはないが、しかし彼女が処女でないならば、直ちに小便をする。だから、娘が処女であるかどうかは、当然このようにして試されてしかるべしというわけである。また人々の言うところによると、この石は分娩時の陣痛に対して効力がある。

本文を見てもわかるように、アルベルトゥスは、ガガテス（黒玉、輝いた黒色の炭化水素）の項目の中でコハクに相当するもの（後述する［54］Ligurius《リグリウス》と［88］Suetinus《スエティヌス》の項を参照）を語っています。おそらく、マグヌス自身が依拠した文献とか、実際に黒玉とコハクが、産出場所や、燃やしたときの匂いや静電気のおこる様子などで共通していることから、つい混同してしまったのでしょう。

ところで、処女を試すのは黒玉を燃やした煙によって、という記載がプリニウス『博物誌』第三六巻・一四二節に一行足らずだけあるものの、貞節・貞操をうたう中世キリスト教社会はさすがに詳細であります。貞節云々の話は、後述する［56］Magnes《マーグネース》の項も参照してみてください。他のことは第Ⅰ部当該箇所をご参照。

[41]

ガガトロニカ ▼Ⅰ-23

GAGATRONICA

ガガトロニカは野生ヤギの皮のように雑色をした色である。アヴィケンナ（エヴァクス？）の言うところによると、この石は、それを身につけた人を勝利者にするという効能がある。人々の言うところでは、それはアルキデスの王（ヘルクレス。ギリシア名はヘラクレス）において実証された、すなわち、この石を身に付けているときはいつでも、彼は陸でも海でも常勝であったが、それを持たないとき敵に倒されたのである。

この石は同定できず、どうやら想像上の作り話、といっても、もちろんアルベルトゥス自身の作り話ではありません。すでにマルボドゥスではガガトロメウス（第二七項目）として記載ずみ（別著『中世宝石賛歌と錬金術』をご参照ください）。

[42]

ゲロシア（雹《ひょう》石） ▼—37 GELOSIA

ゲロシア（氷結石、雹石）は、雹（←ギリシア語 chalaza《カラザ》「雹」）の形と色をもち、アダマスの硬さをもった石であるといわれる。また伝えられるところによると、それは非常に冷たいので、火によってほとんど、いや全く温めることができないほどである。そのわけは、石の孔があまり緻密すぎるために、火が内部に侵入していけないからである。さらに人々の言うところによると、この石は怒りや快楽欲や他の熱い情欲や欲望を静めてくれる。

最初は、この石が火に溶《と》けることがないとかダメージを受けないということから、だんだん話が大きくふくらんで真実でないことがもてはやされたので、アルベルトゥスも「人々の言うところによると〜」を何度も繰り返す結果になった、と思われます。

ところで、ついでながら Gelosia《ゲロシア》がラテン語の gelo《ゲロー》（氷結する、凍る）からきた言葉であることを、ここで付け加えておきます。

[43]

ガラリキデス（乳石）

GALARICIDES

ある人たちがガラリクティデスと呼んでいるガラリキデスは、灰に似た石で、大抵はナイル川とアケルス川（ギリシア本土の川）に発見される。すり潰したもの（粉末）は、口の中に含むと、心をかき乱す。身体に結びつけるものについて書いた本によると、それは胸を乳で満たすし、大腿に結《ゆ》わえ付けられると、それは出産をたやすくしてくれる。エジプトの羊飼いたちの言うところによると、それを塩ですり潰し水で混ぜ合わせ、夜に羊の檻《おり》のまわりに撒布すると、羊の乳房が乳で満たされ、また疥癬は羊から追い出される。実際は概して、この石は疥癬に対してよい薬効になるといわれている。

Galaricides《ガラリキデス》のgala《ガラ》がギリシア語の「乳」を意味しており、その名がここから由来していることは当然ですが、この石に関するやや詳しい記述は、プリニウス『博物誌』第三七巻・一六二節を参照してください。

[44]

ゲコリトゥス（ケゴリテス） ▼II-[19] GECOLITUS

ゲコリトゥスは東方のオリーブの核《さね》（種《たね》）に似た石である、と一般に伝えられている。人々の言うには、その効能は、すり潰して水と一緒に飲むと、膀胱や腎臓から、そこの結石を粉々にして取り去ってくれる。

Gecolitus《ゲコリトゥス》（= Cegolites《ケゴリテス》← Tecolitus《テコリトゥス》← ギリシア語 tēkō《テーコー》「溶解する」）は、結局「結石溶解石」といえる石でしょう。

[45]

ゲラキデム（ゲラキテス） ▼I-28／II-[38] GERACHIDEM

ゲラキデムは、広く伝えられているように、黒い石である。さて、この石が本物であるかどうかは次のようにして試される。すなわち、石を身につけて、自分の体全体にハチミツを塗りたくり、そしてハエやハチに身をさらし、もしそれらが体に触《さわ》らないままであれば、その石は本物である。彼が石を取りはずすと、すぐにハエやハチがハチミツに向かって襲来し、それを吸いだす。ところで人々の言うには、石を口の中に含めておくと、それは意見や考えをちゃんと判断できる能力を与えてくれる。さらに、石を身につけていると、その人は人に愛され好意をもたれるようになるという。

ギリシア語の hierax《ヒエラクス》（鷹）→ hieracites《ヒエラキテス》（鷹石）→ gerachites《ゲラキテス》（hが訛ってg）→ gerachidem《ゲラキデム》となったと思われますが、アルベルトゥスの前後の時代の綴りはさまざまで、gerachites《ゲラキテス》, gerachitem《ゲラキテム》, geraticen《ゲラティケン》, yera-《イエラ》chites《キテス》, gerachirea《ゲラキレア》などが文献をにぎわせております。

それはさておき、砒素化合物、砒石、鷹石の神秘的な効用については、そのホメオパシー薬を自分自身でも服用しながら、今後の研究にまつことにいたしましょう。

[46] グラナトゥス（ガーネット、ザクロ石）　GRANATUS

グラナトゥスは、コンスタンティヌスがアリストテレスの論述を報告しているところによると、カルブンクルスの一種である。これは赤色で透明であり、色は野生のザクロの花であるバラウスティウスのようである。さて、これはカルブンクルスよりも少しばかり暗色の赤い石である。これが下地の黒い印形（リング）のなかに嵌《は》められるならば、それはより赤く輝く。またこの種類には、赤色のなかに散りばめられたスミレ色の外観をしたものが見つかっている。それゆえに、これはスミレ色種といわれ、他のすべてのグラナトゥスよりも高価である。これは、心を喜ばせ悲しみを追い出すといわれる。アリストテレスによると、この石は温性であり乾性である。さて、ある人たちがこの石はヒュアキントゥス石の種類であると言っているが、それは真実ではない。ところでグラナトゥスは、たいていがエティオピアで発見されるが、ときにはテュルス（フェニキアの海港都市）近くの海の砂地のなかでも見つかる。

以上でGの項目は全部終わったことになりますが、Granatus（英語 garnet《ガーニト》、日本では英語読みでガーネット。←ラテン語 granatus《グラーナートゥス》「ザクロ、ザクロ色をした石」←granum《グラーヌム》「粒、穀粒」→英語 grain《グレン》）は、当時は普通、マグヌスがしたような独立した項目とはしませんでした（マルボドゥス・一四「イアキントゥス、ヒュアキントゥス」参照――「イアキントゥスは三つの種類が世に知られているという。／すなわち、ザクロ色とシトロン色と空色のものである。／……」）。

ただ中世時代のザクロ石は、本文にも示唆されているように、カルブンクルス（第Ⅱ部［13］など参照）に相応しておりました。ここでは、鉱物学と鉱物の医学的効能の透視・感受能力とにすぐれた例のM・ギーンガーの見解のごく一部を紹介するにとどめておきます――霊的・精神的には、危急存亡時の石、例えば第一・二次世界大戦時のようなとき、この石は、内面の炎である自己実現への願望を強化し、耐えしのび乗り越えて生きていく力を促進する。心的には、自己信頼、意志強固、生への歓びを育成・促進し、勇気・希望・確信を与えてくれる。知的能力のうえでは、この石は古い考え方から自己を開放して、新しい考えで生活を始める知恵を与えてくれる。身体的には、この石は、特に血液循環系に作用し、循環を安定化し、免疫系を強化し、新陳代謝を促し、腸の栄養摂取をよくし、内的・外的損傷の癒しを早めてくれよう。ザクロ石の使用法としては、鎖、ペンダント、指輪、その他。直接に膚《はだ》に触れるように所持することが望ましい、等々とあります。

＊

■エネルギー精気について■

最も近くして最も遠いもの、最も不確実・不確定でありながら最も確実なもの、最も希薄にして最も濃厚・強力なもの、最も暗くて最も明るいもの、等々——現代科学技術の生んだエネルギーにせよ抗生物質にせよ、私どもの身近にあり確実で濃厚・強力な作用をもつものと考えられているのに対して、私は、エネルギー精気とかホメオパシー薬剤《レメディ》の性質・作用について、「Fで始まる石」の冒頭、[38]ファルコネスの項目の中で書きました。

さきに取りあげたホメオパシー・レメディは（ほかにもいろいろな薄め方をしたものがあります）、それぞれの薬剤の原液をまず一兆倍に薄め、さらにこれを一兆倍、一兆倍と五回繰り返し薄めたもの（10^{-60}にしたもの）をグルコースで固形化した直径二〜三ミリのごく微細な金平糖のようなものにすぎません。しかし、こんなたわいない粒一つが、それぞれ何らかのストレス的症状とか疾患をもった人たちに、何の副作用もなく的確にかなりの効果を示すのです。例えば、そのレメディ（英語でremedy）の一つnatrum（岩塩）の微細な一粒を、長いこと発散しないまま自分の悲しみを内に貯《た》めこんだ人に与え、舌の下（粘膜）に含ませると、その人は大抵、涙を流し始めます。そうして無意識のうちに貯めこんだストレスの緊張が順次にゆるみ、心身ともに軽くなっていくのを感ずるようです。塩は水を引き寄せるといいますが、稀釈に稀釈を重ねて薄められた岩塩に宿ったエネルギー精気が、心身のうちにとても小さなアンテナを張った共鳴細胞の生命エネルギー精気にいわば点火し、連鎖的にこのエネルギーが増大してストレスを流し出す涙になると考えられます。こうしたことをきっかけとして、心をこめて素直に祈る気持ちになれば、それだけますますストレスの解消は一層すすんでいくものと思います。かつて昔異国のインドでヨーガの修行に励みながら心身の活力を養っていたとき、昼と夕べの二回食事する前に「オーム・アハム……」と唱えながら、火の神に祈りをささげ、食べた物が火のような活力となって心身を養ってくれるようにと願った私の心が、いかに強い精気を与えてくれたかを思いおこします。

現代の分子生物学も、他の自然科学と同様に、物理的・化学的方法によって物質の追求をする限り、心の問題は宗教・哲学にゆだねざるをえませんでした。しかし、その研究の最先端をいったA・ブーテナント自身が行なった実験、つまりフェロモン（性誘引物質）を薄めていくその限界濃度（稀釈度）に関し、彼自身が想像もつかなかったほどの一〇〇兆分の一グラムにまで稀釈したフェロモンでさえもが、雄の家蚕蛾《かさんが》を刺激する力をもっていたという実験、さらにその実験のもとになったフィールドの実験、つまりフェロモンを周囲に発散する雌から四・一キロメートル、さらにそれ以上離していった場合、雄の張ったアンテナにフェロモンの一分子でもかかると、雌のいる方向につたないバタバタの飛び方で、例えば四・一キロメートル地点にいる多くの雄の四〇パーセントが雌のところにまでたどりつく、といった実験、その他があったわけです。驚異的なデータであります。こういう微細な分子・原子の実験からわかる自然科学上の驚くべき物質的事実と、私どもの心身相関のエネルギー精気との、さらに桁ちがいの差などの研究が、ますます今後の課題となること、そして今後の総合的研究の推移の行方《ゆくえ》いかんによっては、ここ数百年、遠心的に物質にかたより過ぎた研究が求心的に心の方に呼び戻され、心身相関のより調和的なドグマが展開していくことになるでしょう。

生命を扱う学問はすべて、二〇世紀半ばまでは厳密な意味での自然科学の仲間入りはできなかったのですが、原子・分子を扱う物理的・化学的方法を用いる分子生物学が誕生して以来、初めてその科学的基盤を確立しました。そしてこの結果が、フェロモン一分子のあの驚くべき数値の発見でした。それでは、ごく身近にある水の分子について、その数がいかに多いかを考えてみましょうか。ソディという放射線化学の研究者が物好きにも行なった思考計算によると——通常のグラス一杯分（約二〇〇グラム）の中にある水の分子それぞれを一様に赤く色づけして、それが地球全体のありとあらゆる川（ライン川であれ、どこの小さな川であれ）、湖、沼、もちろんすべての海洋の水に、万遍となく一様に混ぜ合わされたとしましょう。そして今度は同時に、どこからでも、浅い川や沼沢からでも、深海六〇〇〇メートル、いや一〇〇〇〇メートルの深みからでもグラス一杯の水を汲みあげたとしましょう。——するとどうでしょう。驚くことなかれ、そのグラス一杯分の水の中に赤い水分子が二〇〇〇個以上含まれているという計算になるのです。とにもかくにも、物理科学上の計算によると、混ぜ合わす前の二〇〇グラムの水の中には、水分子が約 7×10^{24}（$6.022 \times 10^{23} \times 200/18$）個あるということになります。

さて以上の計算は今から二〇〇年ほども前の一八一一年に提唱されたアボガドロの法則に基づいています。つまり、イタリアの物理学・化学の研究者だった彼（一七七六～一八五六年）の名をとって呼ばれているアボガドロ定数（一モル、すなわち一グラム分子の物質中に存在するその物質構成粒子の数、つまり6.022 × 1023個）をもとにした計算です。

大体いつもよくあることなのですが、人間はえてして多かれ少なかれ井の中の蛙《かわず》のように、在来の世界に安住したがるものです。だから、きわめて進歩的だといわれる科学的思考でさえもきわめて保守的である場合がしばしばでした。歴史上これらの事例をあげることは枚挙にいとまがないほどです。アボガドロの天才的計算にしても同様で、この目が飛び出るほどの驚くべき数値を学会がようやく認め容認したのは、五〇年も後（すでにそのときアボガドロは死んでいました）のことでした。

ことほどさようですから、科学の世界も、幾多の井の中の蛙的見解の壁を克服し打ち破っては、苦しみもがいてこの世界の地平を拡大してまいったわけです。だから、ホメオパシーの扱うエネルギー精気なるもののパワーは、さきの物理化学的分子の遠く及ばぬ超々微細な気（私が宇宙的・カオス的エネルギー精気と呼ぶもの）が内包するパワーであります。

10^{-1}（一〇のマイナス一乗）は、一〇分の一、つまり、あるものを一〇倍に薄めること（英語ではdilusion《ディルーシァン》「稀釈」）です。こうしてアボガドロ数（6.022×10^{23}）の極限まで薄まる場合が 6.022×10^{-23} で、ここまで稀釈すると、6.022 × 10^{23} ×（溶液量／分子量）個あった分子が、極限稀釈の溶液中にはただの一個だけになるという計算です。ところが、アボガドロ数までの稀釈どころか、多くのホメパシー・レメディズ（many homoeopathic remedies）は、原子・分子の限界をはるかに越えて、一〇のマイナス二〇〇万倍乗という現代の科学測定のとても及ばないエネルギー精気のものまで使用されてきているのです。まさに驚異そのものとしか言いようがありません。精とは、米と青、つまり米を天空の澄んだ青色までにとぎすますことであり、このエネルギー精気は精神の精に通ずるものにほかなりません。

さきに私は、非常に稀釈したホメオパシー・レメディのエネルギー精気のことを、「最も近くして最も遠いもの」「最も不確実でありながら最も確実であるもの」「最も希薄にして最も濃厚・強力なるもの」と表現しましたが、この表現に斉合させるなら、このエネルギー精気は、粗なる肉体・物質を突き抜けて、心・精神の奥の奥なるものにまで、非常に鋭く深く浸透していくもの、と考えられるものでしょう。ホメオパシーでは、稀釈度が高くなればなるほど、心への作用能力は強大になるといいますが、より正確には、より精緻《せいち》なものの作用能力こそがより速く鋭く深く浸透していくと言うべきでありましょうか。

この問題はずっと後日の話として、本題のアルベルトゥス・マグヌスの『鉱物書』に戻りたいと思います。

*

■H・I・Jで始まる石（5種）■

[47] ヒエナ（ハイエナ石） ▼I-21 HIENA

ヒエナ石は、ヒエナと呼ばれる動物にちなんで名づけられた。石がこのように呼ばれるのは、それがヒエナ（ハイエナ）の石に転化する眼から取り出されるからである。しかし、古代のエヴァクスとアーロンの言うところによると、舌の下にこの石を含むと、見神によって未来を予言する。

Hiena《ヒエナ》は、例のマルボドゥスではHyena《ヒュエナ》、いずれにしても、野獣のハイエナを意味するギリシア語のhyaina《ヒュアイナ》からきております。アルベルトゥスより約二〇〇年前のマルボドゥスの詩（四四番目の石）を参考までに掲げますと、「称賛に値するこの石は、ハイエナの眼から取り出される。／ヒュエナと名づけられたこの石は、十分に信じうるという限りでは、／持ち主に予言的な神意を感じとらせると、古代の人たちが述べている。／濡《ぬ》れると何らかの未来のことを予言することができるので、／口の中に入れて持っていると、舌が勝手に未来のことを話してくれる」とあります。

いずれにしても、この石については第I部当該箇所に紀元一世紀のプリニウスのやや詳しい記載がありますので参照してください。いまだに動物や石の不思議な力や生態は、ごく外見的・現象的なことしかわかっていませんが、将来的にはおいおい興味深いことが、またそのパワーの実態が、解明されてくるでしょう。これは、ネコの目（cat's eye）とかトラの目（tiger's eye）、またはオパールなどのように、玉虫色に光沢が変化する石で、魔除け的効能が古くはうたい文句だったようです。

［48］ヒュアキントゥス（ヒアシンス石）▼I-42 HYACINTHUS

ヒュアキントゥス（英語ではjacinth《ジャシンス》）には二種類ある。アクァ種（ラテン語aquaticus「水様のもの」←aqua「水」）とサファイア種（saphirinus「サファイア色（青色）のもの」）である。アクァ種は明るい青白色であり、その様《さま》は、あたかも、水が澄んだ深みからほとばしり出て、そのまま澄んだ青い状態を懸命に保持しようとしているかのようであるが、これは価値がやや劣る。またこれには赤いアクァ種も発見されている。そしてこのほうは水の澄明さがまさっている。しかし、サファイア種は非常に明るいブルーで、水分は全くといってよいほどに含んでいない。これは価値がより優《まさ》ったものである。以上のようにヒアシンス石には三つの名前がある。というのも、ときにはこれはサファイア（種）とも呼ばれるからである（結局、ヒュアキントゥス、アクァティクス、サフィリヌスの三つの名）。サファイア（種）のほうは、大抵はエティオピアで発見される。またある人々が言うところによると、第四のものがあり、空《そら》色のアクァ種であるが、トパーズ（黄玉）のように黄金色がかって（黄緑色に？）輝いている。これはきわめて硬く、ほとんど彫刻できないことから、一般にはきわめて価値のないものとされている。経験上、この石は緑の石のように冷性で、まさに冷たいことから身体の力を抑制するものとして役立つことが知られている。体《からだ》に付帯する石について書いた本のなかにその使用法があるが、首にぶらさげるとか、指にはめるとかすると、この石はその旅人を安全にし、もてなす人々が喜んで彼を迎えるようにし、疫病・災難のおこっている地域でも無事にすごせるようにする。また、冷の性質のために眠りを誘うことが確かめられている。サファイア種のほうはまた特殊な性質があり、毒に対する効能が云々《うんぬん》されている。人々の言うところによると、またこの石は裕福をもたらし、生まれながらの利発さと幸せを与えてくれるものである。

例のマルボドゥスは、その詩の中でヒアシンス石を三つの種類に色分けし、「ザクロ色（赤）とシトロン色（黄）と空色のもの」とし、「あらゆる面で強い力をもつと信じられている」とか、「この石はすぐにまわりの空気に反応し……」とか、多くの事柄や功徳を付け加えていますので、アルベルトゥス・マグヌスの本文中のいささか混乱した叙述を整理するには多少役立ちます。が、この石は多くの文献にさまざまな記述、さらにギリシア神話にまつわるヒアシンスの花、一六～一八世紀に盛んになったさまざまな色の花の栽培熱、石がコランダム（サファイア、ルビーなど）かジルコンに属すかなどの問題をかかえています。

[49]

イリス（虹石、虹色水晶または透明石膏） ▼I-㊱ IRIS

イリスはクリスタルに似た石で、形はたいてい六角である。さてエヴァクスによると、この石は、アラビアからもたらされるが、紅海に生じる。しかし、われわれは、ライン川とトレウェス（モーゼル河畔の現トリーア市）の間にあるゲルマニア山中に、この石を大量に発見している。それらの大きさはさまざまであるが、形はすべて六角である。これらは、他の石の中で生じ、本来は丸いはずのものが、周辺を石で囲まれ、それらに押されて六角になったものである。それらはちょうど、ミツバチの巣の中央部の各穴が（周囲に押されて）六角形になっているようである。周辺部のものは実際のところ丸い穴になっているにもかかわらずに、である。ところで、これは非常に乾いて水分のない石である。それは、この石の再高度の乾性が示すとおり。これは、赤い粘土からつくられる石の素材から蒸発する乾いた水蒸気から形成される。この蒸発気は激しく乾気によって支配されているので、石は非常に乾き固くなっている。さて、この石が屋根の下で、その一部が陰に置かれるようにすると、石は向こうの壁か何かほかの対象物に反射して美しい虹をつくる。だからこの石はイリス（iris《イーリス》、ギリシア語で「虹」の意味）と呼ばれる。その（虹色のできる）原因については、以前に（『鉱物書』第一巻の当該箇所で）指示したとおりである。他にも、この石と似たものが石膏の中に生ずる。これは、最も外側のところが透きとおっており、非常に乾いている。ある人たちはこれをガラスの代わりに使っている。

美しいさまざまな虹色を織りなす多くの宝石とそれらの放つ色彩について、アルベルトゥス・マグヌスは「自然学の父」アリストテレスの科学的な考察（『感覚論』）にいろいろとコメントしておりますが、『鉱物書』でも、その第一巻「鉱物」の第三篇「石の付帯的な性質」の第二章「石におけるさまざまな違った色のできる原因」についての箇所でそれに触れています。色彩論については、ゲーテ『色彩論（Die Farbenlehre《ディー ファルベンレーレ》）』やカラーセラピー・ブームの台頭についてもさきに私は取りあげましたが、アルベルトゥス・マグヌスはアリストテレスに従い、透明な白色光と闇の暗色とか黒と白の混合、例えば太陽の光りも暗色の煙りをとおして見ると赤くみえる、というように、蒸発気（水性）と土性を組み合わせながら、種々の色と色石（宝石類）のできかたを説明しています。興味深いものですが、プリニウス「宝石論」（『博物誌』第三七巻）中のイリス叙述（一三六〜八節）関連の説明ともども、今回は割愛して先に進むことにいたします。

［50］

イスクストス ▼I-25 09

ISCUSTOS / [JUDAICUS LAPIS]

イスクストスは、イシドルスとアーロンが同じ報告をしているように、ヒスパニア（現在のスペイン）の最も奥の地方（最南端）、つまりヘルクレスのガデス（イベリア半島の南海岸の町）の近くでしばしば発見される。この町は、われわれが今そう呼んでいるヒスパニアの向こう、第三方位か第二方位（西・南の方角）にある。イスクストスは、内部の乾いた粘性のために、糸状になったものを含んだ石である。この石で衣服をつくると、それは燃えることがない。それどころか衣服は火によって白くきれいになり光り輝く。はからずも、これこそ「サラマンダー（火とかげ）の羽毛」と呼ばれるものである。というのも、この毛は湿った石に生じた羽毛のようなものだから。どうしてそれが燃えないのか、ということは『気象論』（第四巻第三章一七節、また本書第II部［01］のサラマンダーの羽毛の当該箇所も参照）においてすでに説明したとおりである。ある人によると、この石のある種のものは、人々が「白いカルブンクルス」と呼ぶ石であるという。なぜなら、この石は、幻影と妄想に抵抗するということでは、カルブンクルス（carbunculus、第II部［13］参照）に似ているからである。さらにこれは、湿り気が原因でおこる眼の痛みに対して効力がある。粉末状にしたものは疥癬を癒す。／またイシドルスは「ユダエアの石」について述べている。すなわち、この石は白色で、大きさの点ではドングリのようである。石には、一種の法文が、いわゆる文字が刻まれている、こういう文字のことをギリシア人たちはグランマタ（grammata）と呼んでいる。アヴィケンナがこれを「ユダエアの石」と呼ぶのは、この石がしばしばユダエア（ユダヤ）の地に発見されるからである」と。

ここの項目 Iscustos《イスクストス》が、Schistos《スキストス》（←ギリシア語 schistos《スキストス》「裂かれた、分けられた」）からきていること、その他については、第I部の09「アスベストス」と25「スキストス」、そして第II部の［01］アベストンなどを参照していただくと、イメージはよりはっきりすると思います。さらに、ついでにプリニウス『博物誌』第三六巻・一三九節、一四四～八節などの当該箇所もご覧ください。

さて、／印のあとの「ユダエアの石」のことですが、これを別項目として扱うことは当然です。が、テキストが別扱いしていないので、そのままにつづけておきました。では次の項目へ。

［51］

イアスピス（ジャスパー、碧玉）　JASPIS

イアスピスはたくさんの色をもった石で、一〇種類ある。しかし、緑色で、透明で、赤色の帯状のものを含む石がより優れている。イアスピスは本来、銀の台座にはめるのがふさわしい。この石は多くの地域で発見されている。これは出血と月経を止めることが確認されている。さらに人々の言うには、これには不妊の作用があるが、また出産を促進させる働きもある。そしてまた、身につけると、物事に対し節度をもつようになる。さらに、魔術書を読むと、石に魔法をかければ、人に気に入れられたり強い力をもったり、身を安全に守ったり、またさらに、病熱や水腫からまぬがれさせてくれる、と書かれている。

jaspis《イアスピス》の語源をたずねてギリシア語のiaspis《イアスピス》まできてみても、目下のところ、語源はどうやらギリシア語系ならぬオリエント系の言葉に求めなくてはならぬようです（ちなみにイスラエルのヘブライ語ではyashpeh《ヤシュペー》、アラビア語はyashb《ヤシュブ》です）。もちろんイアスピスは、『旧約聖書』「出エジプト記」第二八章の司祭長の胸当てに縫い込まれているあの一二の宝石の一つでもあります。古代〜中世でのイアスピスは、アルベルトゥス・マグヌスの本文中にもあるように、透明で、現代の石英様のものでした。聖書だと水晶《クリスタル》、プリニウスですと緑玉髄《クリュソプラスス》、オルフェウス宝石賛歌だと緑色石一般（エメラルド類）に属するヘリオトロープ（?!）、ヒルデガルト・フォン・ビンゲンの場合も同じである、と例のM・ギーンガーは指摘しております。とにかく、イアスピスの放つパワーに感応した人々は、とくに古代エジプトでは、この石をお守り石として剣にはめ込まれたりもしました。勇気を鼓舞する石として珍重されたようです。その色によって、治療的には、緑イアスピスは解毒・炎症鎮静作用、黄色のものは免疫機能強化、赤は血液循環作用を強化するなどの効能があると評価されてきました。使用法としては、膚《はだ》に直接つけるように所持することがよいとのことです（鉱物学者M・ギーンガーの宝石療法書参照）。
以上で、H・I・Jの頭文字で始まる宝石五種類の紹介を簡単ながら終わらせていただきます。

■Kで始まる石（2種）■

［52］カカブレ　KACABRE / [KACABRES]

カカブレは、すでに述べたように、ガガテスと同じものである。それでもしかし、ある人たちが言うには、色の点でも効能の点でもガガテスと実際に異なるところはないのに、カカブレのほうが優れているとのことである。／カカブレスはクリスタルに似た石である。これについて言い伝えられているところでは、この石は、弁論の力と名誉と人気を与え、水腫に効力がある。

「ガガテスはカカブレのことである」という叙述は、アルベルトゥス・マグヌス自身がすでにGで始まる石の箇所で述べたとおりであります（第II部［40］参照）。

しかしカカブレスのほうはどうなのでしょうか（これについては、第Ⅰ部㉖「カブラテス」を参照）。カカブレ、カカブレス、カブラテスと呼び方が少し違っていますが、本来はみなギリシア語の呼び名であるガガテスをアラビア訛《なま》りしたものにちがいないと思います。しかし現在最も信頼できる注釈者と思われるイギリスのワイコフ女史は、カカブレスを、他の同時代の諸文献との比較から、カブラテス（第Ⅰ部㉖もカブラテスとなっております）として、明らかにカカブレとは違った石と考え、別項目扱いにしております。とにかくこの石を同定することはできないながら、これがおそらく何らかの石英結晶体（SiO_2の組成）だろうということは、本文中にある「カカブレスはクリスタルに似た石である」の叙述からも推測できることです。

［53］

カカマン

KACAMAN

カカマンはしばしば白色をした石であるが、全体的に白いか部分的に白いかの別はある。確かに色についてはいろいろの変化がある。オニュクス（縞メノウ）と混ざって見つかることが非常に多い。その効能は、石の上に見出される形象や刻印、さらにまた、次の篇で論ずるはずの小像によるものだといわれている。

この石の同定も不確かなものではありますが、二～三の推測は行なわれています。一つは、カカマン（kacaman）という石の名称がギリシア語の kauma《カウマ》（火の熱）に由来するものではないかということから、さしあたり、溶鉱炉でできるカラミン（カドミア、異極鉱、酸化亜鉛）のようなものが考えられています。が、げんにプリニウスもその『博物誌』第三四巻一〇〇～一〇三節でカドメア（カドミア）に触れ、そのうちの一種、つまりオニュクスに似たオニュキティスに言及しています。これが、アルベルトゥス・マグヌスの叙述、つまり「この石はオニュクスと混ざって見つかることが多い」とよく符合するというわけです。二つ目は、形象の刻印との関連から、カカマン石はカメオではなかったかという類推です。カメオに関する言及は、当時としてはアルベルトゥスただ一人であり、後述の Onycha《オニュカ》の叙述（（第II部［67］）とか、後続の篇（『鉱物書』第二巻・第三篇・第二と第四の章参照）をみるとよいと思います。が、アルベルトゥスの場合は、天の力による印象か人工による印象刻印かの区別があまりついていないのではないか、というそのあいまいさがあることについては、前に私も触れたとおりであります。

以上のことはこれぐらいにして次に進みましょう。

■Lで始まる石（2種）■

[54]

リグリウス（大山猫石）

LIGURIUS

リグリウス（ligurius）はオオヤマネコ（ギリシア語でlynx《リュンクス》→lig-《リグ》）の尿（同じくūron《ウーロン》→urius《ウーリウス》）からできる石である。プリニウスはこの動物はオリエント起源であると言っている。しかしその動物は、テウトニア（ゲルマニア）やスクラウォニア（スラブ）の森に多く見つかる。プリニウスの言うには、この動物は、この石から作られる有益なものをねたむかのように、砂のなかに自分の尿を隠す。ベーダ（七〜八世紀、イギリスの歴史学者）が言うには、この石は、人間の腎臓のなかで成長する（実際の文意は、「人間の腎臓に対して効能がある」ということ。文がかなりくずれている）。さらにプリニウスの言うところによると、石はカルブンクルスのように火花を出すような赤色であるが、だからといって夜に輝くというわけではない。しかし、もっと普通によく見つかるのは、暗く褐色がかった黄色のものである。さて、こすると石はもみ殻を引き寄せることが経験で確かめられている。が、これはほとんどすべての宝石に当てはまることである。また、言われるところでは、リグリウス石は胃痛・黄疸・下痢に効能があるとのことである。

リグリウス石がその名の示すようにオオヤマネコの尿から出来るということは、その学識がギリシアの大哲学者アリストテレスに匹敵するという彼の後継者テオフラストス（「神のごとく語る人」という意味の名はアリストテレス自身が彼につけたあだ名といわれる?!）の有名な『石について』二八に出ているものです。テオフラストスの学問的態度は、その科学的観察眼・冷徹さ・正確さにおいて、先輩のアリストテレスよりもまさっていると私も考えているのですが、その人にして「オオヤマネコの尿」を文字どおりに理解していたとは（?!）。確かに一つの驚きではあるのですが、しかしこの石の実態については、『ヒルデガルトの宝石論』（第八章）をご参考までに読んでくだされば幸いです。ところで、どうしたわけか、テオフラストスをこの上ない学者として尊敬していた古代ローマのプリニウスでさえ、ことオオヤマネコ石については、その『博物誌』第三七巻・五三節において大嘘《おおうそ》呼ばわりを繰り返しています。つまり、「ディオクレス（「医学の父」ヒポクラテスに次ぐ医師といわれた人）の言を拠りどころにして、テオフラストスさえ受け入れているのだ。しかし私自身の考えでは、こんな話は全部嘘で、……」といった調子です。このあともつづく議論はこの辺にして、次に進みたいと思います。

[55]

リッパレス

▼I-32

LIPPARES

リッパレスは、しばしばリビアで見つかる石であるといわれている。石の効力は驚くべきものであるという。すべての獣は、猟師と猟犬によって脅かされると、この石に向かって走り出し、石があたかも自分の保護者であるかのように石を見つめる。人々の言うように、猟犬と猟師は、獣がその石のところにいる間は、獣を害することはできない。もしこれが真実であるなら、それは非常に驚くべきことであり、それが天の力によるものだと確かにみなされるべきである。ヘルメスは、このような驚くべき力が石の中に、さらには植物の中にもあると述べている。もしそれらの力がよく認識されるなら、魔術的な知識によってなされる何でもが、自然的になされうるということになる。

この不思議な石のパワーについては、例のプリニウス以来、いろいろな屈折をへて語り伝えられてきましたが、ニュアンスの違いからか、猟師にとっては、この石を利用して簡単に獣をしとめることができる、と叙述する文献もでてきています。

では次はMの項目に移ります。

■Mで始まる石（7種）■

[56] マグネス（マグネット、磁石） ▼I-01

MAGNES

マグネスあるいはマグネテス（マグネット）は、鉄錆色をした石である。大抵はインドの海で見つかる。そこは非常にたくさんのマグネスがあるので、表面に釘が打ちつけられた船でそこを航行することは危険であるといわれている。それはまた、トゥラコニテス（おそらくトゥログロディテス「エティオピア地方に住む穴居部族」）の国でも見つかる。私自身は、東部フランキア（Francia《フランキア》 Orientalis《オリエンターリス》）と呼ばれるテウトニア（ゲルマニアの一部）で発見されたものを見たことがある。それは大きなサイズのもので非常にパワーがあるものだった。これはきわめて黒く、あたかも錆ついてピッチ（瀝青タール）で焼かれた鉄のようなものであった。ところで、マグネスには驚くべきパワーがあり鉄を引きつけるのである。というのもこのパワーが鉄に伝わり、さらにその鉄が他の鉄を引きつける、あるときにはこうした仕方で多くの釘が次々とぶらさがっている様子が見られるからである。しかし、油を塗ったマグネス石は引きつける力はない。また、もしアダマスがこの石の上に

¶ Capitulū. XI. De incipientibus a littera. M.

Magnes siue Magnetes lapis est ferrugi-
nei coloris, qui ꝯm plurimū in mari Indico inueni
tur: & in tātum habundare dicitur ꝙ periculosum
est in eo nauigare nauibus que ferreos clauos habent Inue⸗
nitur etiam in tragonitidis regionibus. Ego vidi inueniri in
partibus theutonie in ea prouincia que francia oriētalis vo⸗
catur: vnū magne quātitatis & maxime efficacie: & fuit val⸗
de niger acsi esset ferrū rubiginosum & combustū cū pice.
Virtus aūt eius est mirabilis in attractione ferri: ita ꝙ virtutē
eius transmittat in ferrū vt illud etiam attrahat: & aliquando
multe acus hoc mō suspense ad se inuicē videntur. Vnctus
autē lapis alleo nō trahit: & si superponitur ei Adamas iterū
nō attrahit: ita ꝙ paruus Adamas magnū ligat magnetē. In⸗
uētus aūt est nostris tēporibus Magnes ꝗ ab vno angulo tra
xit ferrū & ab alio fugauit: & hunc Aresto. ponit aliud gen⁹
esse magnetis. Narrauit mihi vnus ex nostris socijs curiosus
experimentator ꝙ vidit Fredericū impatorē habere magne⸗
tem ꝗ non tra it ferrū: sed ferrū viceuersa traxit lapidē. Are.
dicit ꝙ est quoddā gen⁹ aliud magnetis qď trahit carnes ho⸗
minis In magicis aūt traditur ꝙ fantasias mirabiliter cōmo⸗
uet principaliter seu precipue si cōsecratus obsecratione vel
caractere sit sicut docetur in magicis Ferūt etiā hoc cū mulsa
acceptū curare ydropesim Aiunt etiā hunc lapidē capiti mu
lieris dormientis suppositū statim eā moueri ad amplexum
mariti sui si casta ē Si aūt adultera p̄ nimio timore fantasma⸗
tū dicitur cadere de lecto Dicūt etiā ꝙ fures domū intrantes
positis carbōibus in quattuor angulis domus lapidē hunc
contritū superspergunt & tunc dormientes in domo ita fan
tasmatibus terrentur ꝙ fugiētes edes reliquūt: & tunc fures
furantur qď volunt. ¶ Margarita lapis est in obscuris cōchi
libus inuentus: meliores ab india veniunt: multi aūt a brita⸗
nico mari qď nūc anglicū dicitur & versus Flandriā et teuto
niā inueniuntur: ita ꝙ ego habui in ore meo decē in vna mē
sa que in comedando ostrea inueni Iuuenes em̄ cōche ha⸗

置かれると、アダマスは小さいものでも、大きなマグネスを制止することができるので、石は引きつける力がなくなる。われわれの時代に、石の一つの角《かど》（隅）だと鉄を引きつけるが、別の角からだと鉄をはじくマグネスが見つかった。このことについてアリストテレスの述べるところによると、これは別種のマグネスなのだと。われわれの教団の一人で知識欲旺盛な実験家が私にこう語ったことがある、つまり、そのマグネスが鉄をひきつけるのではなく、反対に鉄がそのマグネスを引きつけるという別種のマグネスをフリードリヒ皇帝がもっているのを自分は見た、と。アリストテレスが言うところによると、人間の肉を引きつけるなお別種のマグネスもある。魔術では次のことがあると伝えられている。つまり、マグネスには、主としてまたは特に、呪文とか魔術的符合が魔術の教えに従って用いられるならば、幻想とか、幻影を呼び出す不思議な力があるのだと。さらにまた、この石はハチミツ酒と一緒に服用すると水腫を癒すという。睡眠中の女性の頭の下に置くと、彼女が貞節であれば、すぐに自分の夫に抱擁の動作をするという。彼女が姦通しているのであれば、悪夢にうなされるあまりベッドから落ちてしまうという。さらに次のことが伝えられている。ある家に侵入しようとする盗人は、炭を家の四隅に置き、マグネス石を砕いたものをその上にまいておく。すると、眠っている家の人たちは、悪夢にうなされてしまい、家を避けて留守にする。このときとばかり盗人たちは、欲しいものを何でも盗んでいくのだ。

マグネスの不思議な性質については、古代から近代まで、いろんな文献に繰り返し述べられてまいりました。あげくのはては、現代では人間の心を引きつける一番の商品はマグネットNo.1《ナンバーワン》だ、など

『鉱物書』初期印刷本（1518年、オッペンハイム刊）▶
「Mで始まる石」冒頭
オクラホマ大学図書館蔵本

という言葉まで流行したほどです。しかし、これまでの宝石パワーについての叙述で、私はマグネス（マグネット）のことはいろいろ述べてまいりましたので、ここでは多言を弄《ろう》せず、次の項目に進みたいと思います。

[57] マグネシア MAGNESIA

ある人たちはこれをマグネシアとも呼ぶ。この石は黒色で、しばしばガラス職人が使用する。石は大きくて強い火の中では溶けて流れ出す。しかし、その他の仕方ではそうならない。流れ出したときガラスに混ぜると、ガラスの本体を純粋なものに変える。

さきのマグネス、このマグネシア、その他の同じような名をもつ不思議ないくつかの鉱物については、その組成がFe（鉄）とかMn（マンガン）、Mg（マグネシウム）などがいろいろ入り組んでいてなかなかわからなかったものが、ずっと後の近代、つまり一八世紀後半～一九世紀はじめの電池による電気分解法などの技術をとおして、元素成分そのものがわかり解決をみるものが多かったわけです。磁石の色の白とか黒とかの叙述が文献からの考証でわかるものもあったのですが、アルベルトゥス・マグヌスのマグネシアの叙述の場合も、本文中に「この石は黒色である」ということが決め手になって、まぎらわしいマグネシアの石の組成も、これは白色のMagnesite《マグネサイト》（菱苦土石。天然の炭酸マグネシウム$MgCO_3$でギブスなどに用いるもの）ではなく、黒い色のManganite《マンガナイト》（酸化マンガンMnO_2主体の鉱物）であるにちがいないことが判明してきました。ですから、アルベルトゥスの「黒い石」という色の叙述は非常に重要で、やはり彼の科学的実験家という側面を認識しておくことは有効であったわけです。そもそもがマグネシアの石（ギリシア語でMagnēsia lithos《マグネーシア リトス》）といっても、そのマグネシアという場所は数ヶ所もあって、それぞれに違った性質の土を産出するのですから、きわめてまぎらわしいわけでした。

しかしマグネシアの石の談義はこれくらいにして。

[58] マルカシータ MARCHASITA

マルカシータ、あるいはある人々が言っているマルカシータは、素材物質的な鉱石で、多くの種類がある。というのも、この石は任意にどの金属の色をもとるからである。だからそれは、銀マルカシータとか金マルカシータと呼ばれる。他の金属の場合も同様である。しかし、マルカシータを色づけしている金属は、火にかけるとそれ自《みずか》らは流れ出すことはなく、蒸発する。あとに残るのは無用の灰だけである。この石は錬金術師たちのあいだでよく知られており、多くの場所で見つかる。

アラビア語で marqashītā《マルカシーター》と呼びならわされ、また錬金術分野でもよく用いられているこの石は、黄鉄鉱とか白鉄鉱のような金属的硫化物です。が、後述の Perite《ペリーテ》とか Topasion《トパシオン》、さらに『鉱物書』第五巻（いまここで論じているのは、第二巻の第二篇です）の当該箇所などでも触れられています。ところで、この石の粉末で染色したように見える金属のことで、以前に私が指摘した「錬金術とは一種の金属染色術である」という言葉を思い出していただければ幸いです。

[59]

マルガリータ（真珠）　MARGARITA

マルガリータは黒っぽい色のカキの中に見つかる石である。よりよいものはインドからくる。多くのものはブリタンニア（イギリス）の海からのものであり、その海は今ではアングリの海と呼ばれている。それら多くのマルガリータはフランドリアとテウトニアに向かうところに見つかる。私自身、一回の食事で口の中にこの石一〇個を含んだことがあった。その一〇個というのは私がカキを食べていたときに出くわしたものである。ところで実際、若いカキはよりよい石を貝の中にもっているものだ。それらのなかで、あるものは穴が空いているが、あるものは無傷のままである。色は非常に白いが、しかし、少しの光りが白いものをとおして輝いているかのようである。かくして、それらは白いけれども微光を放っている。ところで、雷雨があるあいだに、カキはいわば流産をして外に石を投げ出してしまうことがあるという。さらにまた石は、川でも、モーゼル川やガリア（フランス）のある川でも砂のあいだに見つかることがある。マルガリータ石のこれまで実際に示されたパワーというのは、精神を強化することとか、胃痛や気絶に対する効能があげられ、さらに出血、黒胆汁過多、下痢に対しても有効という結果がでている。

マルガリータ（パール、真珠）については、その語源、神話的発想、各時代・各地域の用い方、その他についてこれまで何度も触れてきましたので、ここでは割愛させていただきます。が、アルベルトゥスが真珠の医薬的効果を強調していることは、例のマルボドゥスと比較して（マルボドゥスの長い真珠賛歌のなかには、医薬的効果の叙述はありません）、興味深いことに、これはインドなどからの影響を受け、実際にその効果を彼が確認しての記述かと思われます。

[60]

メディウス

▼I-07

MEDIUS

メディウスは、そこに多くのものが見つかるメディアの地域にちなんでそう呼ばれる石、ということである。これには二つの種類がある。その一つは黒色で、もう一つは緑色である。その効能は、慢性的な痛風、眼がよく見えない症状、腎臓の炎症に対するものであるといわれている。さらにこれは、疲労し力が入らず弱っている人々を活性化させるという。黒色のものは、その破片を温水に入れて溶かし、それで洗うと、四肢の皮膚の皮がむけ、もしそれを飲もうものなら、彼は吐きながら死んでいくことになる。

さて、この石の本体が不純な金属的硫化物であること、これは『鉱物書』第五巻にアトラメントゥム（黒色硫酸塩）として後述されていることを指摘しておくのみに、ここではとどめておきたいと思います。

[61]

メロキテス（マラカイト、孔雀石）　MELOCHITES

メロキテスは、ある人々によっては、メロニテスと呼ばれており、スマラグドゥス（エメラルド）のように濃い緑ではあるが、透明さはない石である。それはまた軟らかい。この石は、それを身につけている人を外から守ってくれるし、子供のゆりかごをガードしてくれるといわれている。

これは英語でもmalachite《マラカイト》、プリニウスも『博物誌』第三七巻・一一四節（molocihtis《モロキティス》）で言うように、マルウァ（malva《マルウァ》「ゼニアオイ」、英語ではmallow）の色をしていることからそう呼ばれたとのことですが、古代ではスマラグドゥスの類に含まれていたと思われます（後述「スマラグドゥス」の項参照）。ちなみにこの石の成分は銅の炭酸塩であることを付け加えておきます。

[62]

メンフィテス　▼I-08　MEMPHITES

メンフィテス（Memphites）は、メンフィス（Memphis）と呼ばれるエジプトの都市に由来して名づけられた石である。これにはあるパワーがあり、火のように熱《あつ》いといわれ、事実そのように思われる。というのも、すり潰して水と混ぜ、火傷とか切り傷を負った人たちに、飲みものとして与えると、拷問の責め苦が感じられないほどの無感覚を引きおこす。

この石をつくる物質は、おそらく植物性麻酔薬ではないかと思われています。

■Nで始まる石（3種）■

[63]

ニトルム　NITRUM

ニトルムは石を固めるのにあずかって力がある。これはいくらか蒼白色《しょく》だが透明である。それは、ものを引きつけたり溶解したりする力があることが実証されている。黄疸に対して効き目があり、塩の一種である。

ニトルムは、いわゆる現代英語のnitre《ナイター》（硝酸カリウム、チリ硝石）ではなく、大抵は英語のsoda《ソーダ》あるいは硼《ほう》砂(borax《ボーラクス》)、つまりカリウム系ではなく、ナトリウム系の化合物であります。この語源をたずねると、英語の nitre《ナイター》は、ラテン語の nitrum《ニトルム》、ギリシア語 nitron《ニトロン》とたどれるのですが、どうやらこれはヨーロッパ語系ではなく、中近東系の外来語に起源をもち、いずれもナトロン(natron→英語 natrium《ナトリウム》)を指すヘブライ語の netr《ネトル》とか古代エジプト語の ntrj《ニトリ》にまでさかのぼれるものと思われます。ニトルムについては、さらに詳しくはアルベルトゥス・マグヌス『鉱物書』最終の第五巻の七で述べられています。が、ここではその説明は割愛して、みなさんの多くのかたにはあまり関心のないはずのこの言葉そのものの由来をたずね、そこから重要なポイントへの導入のプロセスを少し探ってみたいと思います。というのも、ここには重要なアラビア世界が中継点として介在しているからです。

とにかく、いろいろな面(特に医薬)で非常に広く深くその影響を古代ギリシアから受け継いだアラビアは、さきの言葉についても、ギリシア語から niṭrūn《ニトルン》, naṭrūn《ナトルーン》「天然ソーダ、アルカリ塩」(←ギリシア語 nitron《ニトロン》)として受け取り、それが、スペイン地方も間もなくアラビアの支配下におかれた関係から、スペイン語の natrón《ナトロン》、フランス語の natron《ナトロン》というふうに受け継がれ、ヨーロッパに浸透していきました。そして、アラビア錬金術で重要な鉱物の位置を占めることになった多くの塩類は、近代初頭のヨーロッパ錬金術では、地・水・火・風の四大元素を成り立たせるさらに原初的な三つの原質、つまり硫黄・水銀・塩のうちの一つである「塩」という位置にまで格上げされたのであります。他方、当然のことながらも、以上の言葉を受け継いだはずの英語の nitre《ナイター》が同じく英語の soda《ソウダ》(主として炭酸ナトリウム)にとってかわられるようになったのは、やはりアラビア語 sudā《スダー》(頭痛薬)にどうやら帰因するようなのです。というのも、この薬は、スペインの海岸に生育する Salsola《サルソラ》 soda《ソーダ》という海塩植物の灰から作られたものだからです。そしてどうしたわけか、このソーダのほうが英語sodaに定着していったと思われます。ちなみに、フランス語でも、ナトリウムのことをよくsodium《ソディウム》と呼んでいます。

[64] ニコマル（アラバスター、雪花石膏）▼I-29　NICOMAR

ニコマルはアラバストルムと同じものである。これは確かに大理石の種類に属する。しかし、それの効能は驚くべきものなので、貴石のなかに数え入れられている。この石について確かめられたところによると、石の冷たさによって、これは芳香性の軟膏を保存することができる。だから古代の人々はこの石から香油入れをつくった。さらに石は、その冷たさによって、死体を強い悪臭から防いでくれる。だから、古代の記念碑とか墓碑はこの石でつくられたものが発見されている。ところで、この石は光り輝く白色である。人々の言うには、さらに石は勝利をもたらし、また友情をも保持する功徳があるのだ。

ところで、以上の本文との照合を古代に求めると、どうやらプリニウス『博物誌』第三六巻・五九〜六一節に出ているオニュクス石がその代表であろうと考えられ、nicomar《ニコマル》のnic-《ニク》は縞メノウのラテン語 onyx《オニュクス》（= onics《オニクス》）からで、mar《マル》は大理石を指すラテン語 marmor《マルモル》の mar《マル》ではないかと思われます。どこにもこういう説明をした本はないのですが、私は以上のあて推量が案外当たっているのではないかと考えています。だとすると、nicomar とはつまり、縞メノウ大理石を示す中世ラテン語だということになります。

[65]

ヌサエ ▼II-[11] NUSAE

ヌサエ——このような名で呼ばれる石があると言う人たちがいる。その人たちはまた、この石がヒキガエル石（ガマ石）の種類に属するもので、多くのヒキガエルの中に見出せる、と言っている。二種のものがある。その一つは白みがかっており、あたかも乳が血に混ざり合い、その石の中で乳白色が優勢を占めており、そのようにして赤い血の筋があらわれているかのようになっている、とその人たちは言っている。もう一つ別の種類は黒く、ときどきその中に、前と後《うしろ》のほうに足を広げたヒキガエルの形が描かれている。また彼らの言うには、もし毒のある閉めきったところに、それら両方の石が一緒におかれるなら、それらにさわった人は火傷すると。さらに、石が本物であるかどうかは、この石が生きたヒキガエルに示されるなら、蛙は石の方に体を伸ばし、できることならこの石に触れるという動作によって証明されるのだ、と彼らは言っている。実際また、毒のあるところでは、白っぽい石のほうがいろいろ色を変えるともいわれている。

ヌサエ（Nusae）という中世ラテン語は、当時の文献ではNose《ノセ》, Noset《ノセト》, Noshe《ノシェ》などの名でも呼ばれたようですが、それらの言葉の由来はいずれもはっきりしません。ただこのNusae《ヌサエ》が、［11］「ボラクス」の項で触れたBuffo《ブッフォー》（＝bufo《ブーフォー》「ヒキガエル」）と何らか密接な関連があることだけは確かなようです。

■Oで始まる石（5種）■

［66］オニュクス（縞メノウ） ▼I-03 ONYX

オニュクスは黒い色をした宝石であるといわれる。これには、もっとよい種類が見出されている。黒地に白い線条が走っている石である。それはメディアとアラビアで産出する。オニュクスには、縞模様と色彩の変化によって五つの異なった種類が見つかっている。頭に下げるか指にはめるかすると、石は悲しみや不安や睡眠中の恐ろしい夢を引きおこす。この石は悲しみや争い事を増やすといわれる。これはまた、子供の場合よだれの出を増やすと人々は言っている。しかし、もしサルディウス（紅玉髄）がそこにあるなら、オニュクスは抑止されて害を及ぼすことはない。さて、オニュクスが以上すべての害をもつとするなら、それは確かに石が憂鬱《ゆううつ》状態（黒胆汁症状）を引きおこす力をもっているからである、特に頭の中に。というのも、黒胆汁の運動と蒸発から、これらすべての害が現われるからである。

鉱物学的には、オニュクスは鉄と炭素を含み、岩石の空洞の中で熱水作用によって生ずるといわれています。

この石のパワーは、以上の本文中にもあるようにあまり縁起《えんぎ》のよいものではありませんが、現代でも「エゴイストの石」という悪名をもっているほどです。しかし例のホメオパシーの場合と同様に、そのときそのときの状況の相関関係によって、エゴイスト的なものが、真の自己実現とか自己意識・自己責任とか論理的思考など健全な自我認識の高まりへと導かれていくパワーとなることを見逃してはならないと思います。汝の敵をも愛せよ、という名言《めいげん》はここにも生きているといえましょうか。こうしてすべてはいいバランスをとるのだ、とも考えられるでしょう。オニュクスの自己パワーは、肉体的には自己免疫力を高め、眼・鼻など自己感覚器官の働きを高めるものがあるといわれ、透視能力者はその力を読みとること（reading《リーディング》）ができるようです。

ところでこの石を身につける場合は、その作用がゆっくりと効くことを考慮に入れて、長期間つけておくよう、現代のすぐれた宝石療法家のM・ギーンガーがアドバイスしていることを付け加えておきます。

[67]

オニュカ　ONYCHA

オニュカは、または別にある人たちが言うところによるとオニュクルス（onychulus）、これは実際にオニュクスと同じといってよい。ほとんど瓜二つで、あるいはオニュクスのある種類であるだろうからである。それは人間の爪のような色をしている。が、オニュキヌス（onychinus, オニュカに属するもの）と呼ばれる石は、白や黒や赤といった多くの色で見つかっているのに、これらすべては、外見が人間の爪に非常によく似たある物質でつくられている。人々の言うにはまた、オニュカと呼ばれる木から出る樹脂の滴《したた》りが固まって石になったのだと。なぜなら、火に入れると芳香を放つからであるという。また人々は次のように、その樹脂であったことの原因を説明する。つまり、この石が他の石とは違って非常に何度もある像がその石の上に描かれて見つかるからだというのである。というのも、滴った樹脂は最初は柔らかく、たやすく像に形づくられ、それが固まって石になるとき、その樹脂はこれらの像をそのままにとどめるからである。人々の言うには、この石はこれといった違和感もなく、するりッと眼の中に入れられると。が、これはまさに驚くべきことである。しかし私自身は、サファイアだって雄鶏石《おんどり》だって私がその名を知っている他の石だって、眼には何の害もなく入れられるのを見たことがある。というのも、滑らかに磨かれたものは眼を害することはないからである。ただし、それが目の中心、あるいはブドウ膜開口部の向かい側の感じやすい瞳に触れさえしなければの話であるが。

プリニウス『博物誌』第三七巻・九〇節の説明をまつまでもなく、縞メノウ onyx《オニュクス》が指の爪、すなわちギリシア語の onyx《オニュクス》からきているのは自明のことです。乳白色とか紅白色の線条的地紋の点で縞メノウと爪が類似していることからの命名は、古代ギリシアでも、文献上は紀元前二世紀以後からでしょう。また、そういう色をした芳香性の貝殻や樹脂への同様な命名は紀元一世紀以後のことと思われます。

[68]

オフタルムス（オパール） ▼I-02

OPHTHALMUS

オフタルムスはオフタルミア（眼病）にちなんで名づけられた石である。その色はこれときめて述べられることはない。というのも、この石は多くの色合いをもっているからであろう。これを身につけていると、すべての悪性の眼疾からまぬがれるといわれる。しかし、そばにいる人たちの視力を鈍らせ見えにくくする働きがある。だからこの石は盗人たちの保護者として知られている。というのも、これを身につける人たちは、いわば人から見られることがないからである。

ギリシア語でopalios《オパリオス》、ラテン語でopalus《オパルス》、それらよりずっと古い同系語のサンスクリット（インドの仏典などもこの同系語で書かれている）ではupalas《ウパラス》（「貴石」という意味）といわれるオパール、うすい紅色の乳白・蛋白色をした石が、じつはここのオフタルムス石に相当するものと考えられています。そのことや、オパールの語源のこと、さらに何よりもプリニウスがオパールの色彩を口をきわめて讃《ほ》めたたえていたことなどは、すでに第I部の当該箇所で触れましたが、どうして、古代のopaliosやopalusという言葉のスペルが、中世のoptallius《オプタリウス》（マルボドゥス文献）とか、当のアルベルトゥス・マグヌス文献のophthalmus《オフタルムス》に見られるように-t-《ト》（または-th-《ト》）を挿入するところとなったかの疑問が残ります。とにかく、-t-, -th-が入ると言葉の意味が「目、眼、光り」に転化してしまうからです。現代英語のoptic《オプティク》を見てもわかるように、これには「目の、視力の、光学の」といった意味があり、その語源は古代ギリシアのopt-《オプト》「眼の」など一連の言葉に関係してまいります。そうしたことから、どうしても私どもは、宝石オパールと光りとわれわれの目との共演、つまりそれらによって織りなされる美しくも妙《たえ》なる光彩・色彩の共演こそが、まさしくその言葉（-t-が挿入されて「眼」の意味をもった）にまで共鳴したもの、と考えざるをえないのです。

オパールは、色彩感覚の点で他のどの国民よりもすぐれた面を日本人はもっているのか、日本国民のオパール好きは大変なものがあると申します。が、和名は蛋白石、その成分は地球上で珪酸（SiO_2）を最も多く含んだ非晶質の鉱物で、SiO_2＋H_2Oの主成分のほかにC, Ca, Fe, Mgを含むため、(1)玉虫色に変化する種類、(2)主成分のほかにCuを含む青・緑・黄金色の種類、(3)Feを含む赤・オレンジ色・黄色の種類、(4)Fe, Niを含む緑色のもの、(5)Mnを含むピンク・バラ色のもの、その他に分けられ、少し厳密に分けると十数種になるともいわれています。しかし、それぞれに宿るパワーも微妙に異なるといいます。

どんなものにも両面・相反するものが内在するといいますが、オパールも幸運と不運、両方のパワーをもつ石とされてきました。というのも、この地上・現世的な生命要素の多い宝石として、その色合いによって精神・肉体に対する作用点が個々人によってそのつど共鳴を異にするのでしょう。「人、心あれば石また心あり」と私は申してきましたが、例えば私自身の心のもちかたによって、石から出てくる波動との共鳴は異なってくるからであります。オパールを身体のどの部位におくのがよいか、それは心臓の上、いや肝臓の上がよいなどなどのreading《リーディング》（読みとり）がありますが、それらを虚心坦懐の瞑想によってそれぞれの共鳴の度合いを鋭敏に感ずる必要があるなど、いろいろの手立てもありましょう。要は、石からの反応を感じとるためには、私どもの心によこしまな邪念をできるだけさしはさまないことが不可欠であります。

オパールにまつわる古代ギリシアやインドなどの親和、その他もろもろのパワーについては、ここでは割愛して他の項目に移りたいと思います。

［69］

オリステス ▼I-43

ORISTES

オリステスは三種類ある。その一つは黒色で球形である。第二のものは緑色であるが白い斑点がある。第三のものは、でこぼこの部分もあれば平《たい》らの部分もあり、鉄板のような色をしている。一般にいわれている石本体の性質は、次のようなものである。すなわち、もし石にバラ油を塗って持ち運ぶと、不幸な事件とか毒トカゲによる咬傷から身を守ることができる。また装身具についての書の中でいわれているところでは、女性がこの石を身につけると、妊娠を妨げられるというし、もし妊娠しているなら、この石は流産させるだろうとのことである。

ここでのオリステスはオリテスと訂正しておくべきでしょう。この言葉の由来、その他については、第I部の当該箇所を参照してください。とにかく、この石が正確にはどの石を指すのか現在も同定できません。第I部で触れたように、菱鉄鉱やある種の磁鉄鉱が候補として考えられています。

［70］

オルファヌス

ORPHANUS

オルファヌスは神聖ローマ帝国の王冠にはめこまれた石である。それはどこかほかのところでは決して見られなかったものである。それゆえにオルファヌスと呼ばれている。この色はあたかも石がワインに酔ったようであり、繊細・優美なワインレッドの色彩をおびている。それは、雪の白さがほのかにきらめくか輝くかして赤く澄んだワインの中に浸透し、それでいてワイン自体の赤に染められているかのようである。言い伝えによると、かつてそれは夜中に輝いたものだったが、今では暗いところで輝くことはない。ところでこの石は帝王の名誉を守るといわれている。

オルファヌス（Orphanus←ギリシア語 orphanos《オルファノス》「天涯孤独の孤児」）は、そういう名をもった宝石の特定の種類ではないのですが、これ一つだけでも独特のとびぬけたただ一つの宝石の種類と考えられ、全九六種のなかに数え入れられました。しかし、宝石の一般的な種類としては「火蛋白石（英語で fire opal）」と考えられたものの、一四世紀にはそれが失われ、サファイアにとって代わられたといいます（巻頭のカラー口絵［2］を参照）。

Capitulum.xcij.

ORphanus. Albertus. Orphanus la
pis est qui est in corona romani impe
ratoris. Non vnq̄ alibi visus est: pro
ter quod orphanus vocatur. est autem in co/
ore quasi vinosus: subtilem habens vinositat/
em. Et hic est sicut si candidum nimis micās
enetraret in rubeum clarū vinosum: ⁊ sit supa
us ab ipo. Est aūt lapis plucid9: ⁊ tradit̄ q̄ali
n̄ i nocte fulsit: ꝫ nūc tpe nr̄o n̄ micat i tenebris

Operationes

¶ Fertur autē q̄ honori conuenit regali. Hoc
imiliter ait enax.

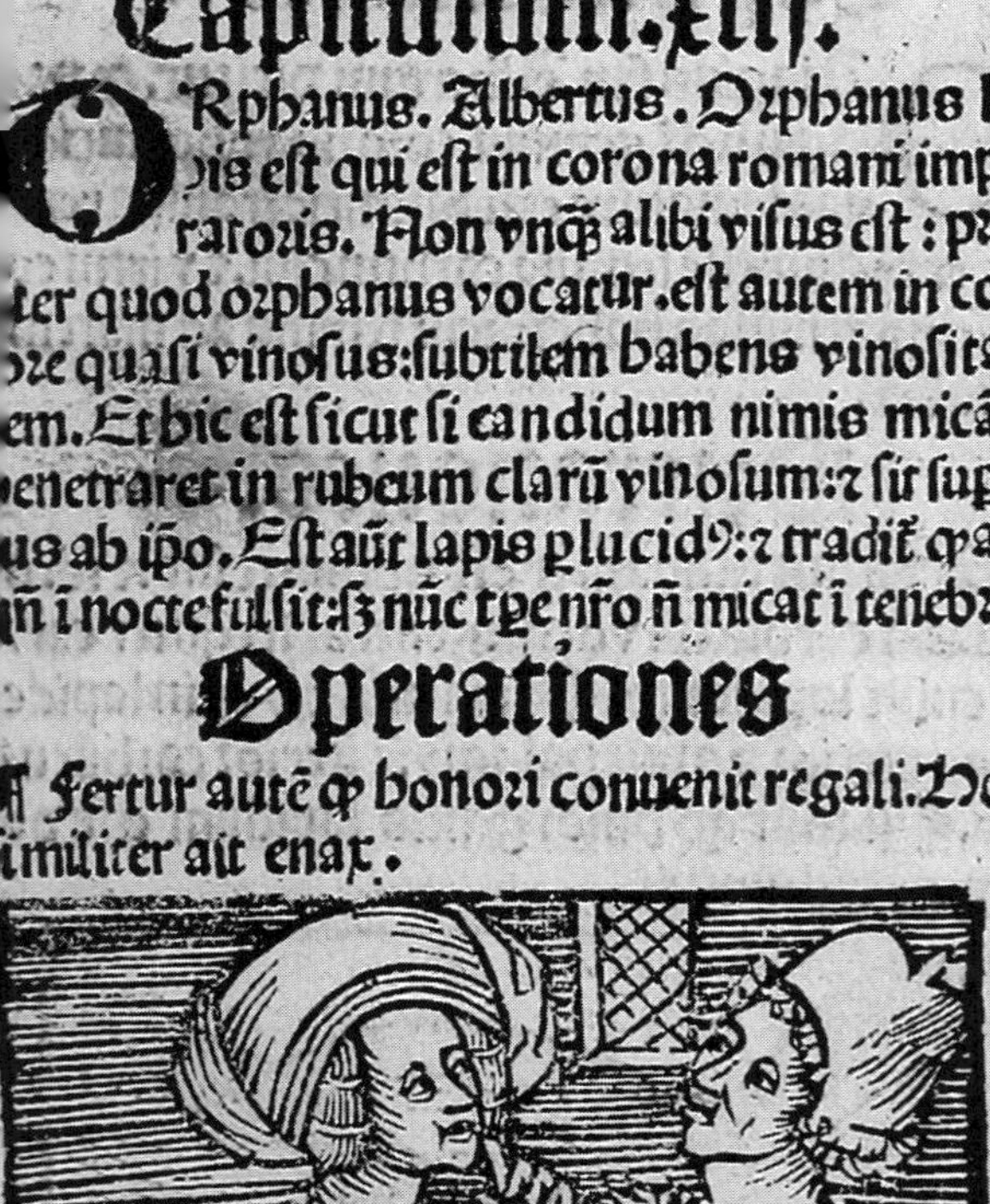

Capitulum

OPalus ē lapis diuersa
distinctus. Est em̄ i co
or ignis. Ametisti fulg
ragdi nitēs viriditas. Lūctaq̄
varietate lucētia. nomē hꝫ ex p
parturit eū India. ¶ Pli.li.xx
in India: q̄bus gēmaꝝ cōposito
xime inenarrabilē difficultatē
in eis pariter incredibili mixtura
mo fulgoris augmēto colores
uerūt. Alij ꝟo sulphuris ardē
ignis oleo accēsi: magnitudo n

Operation

¶ Arnoldus. Opalus est lap
ti se cōtra omēs oculoꝝ morbo
¶ Visum eius acutū cōfortat:
cūstantiū visus ⁊ oculos excec

■Pで始まる石（4種）■

［71］

パンテルス（豹石）

PANTHERUS

パンテルスは、それ一個の体に多くの色をおびた石である。黒、緑、赤、さらにそのほかいろいろと。薄い紫がかったもの、さらにバラ色のものも見つかっている。それは視力を半減させるともいわれる。石は大抵メディアの地域で発見される。石を身につける人は、成功するとか勝利するとかを願うためには、太陽が昇る朝早いときにその石を眺めるとよい。が、それはいろいろな色のあるだけ、それだけ効能もあるといわれる。

プリニウス『博物誌』第三七巻・一七八節では、この石一つがほとんどあらゆる色からできているとして「パンクルス（panchrus←ギリシア語 pan《パン》「すべての」・chrōs《クロース》「色」）」と呼ばれる石でしたが、魔術師ダミゲロンの宝石論の影響をかなり受けたという例の一一世紀の宝石賛美者マルボドゥスでは、多彩な色をした動物の豹（ラテン語の panther《パンテル》）という言葉に転化されていきました。これは、前述したオパー

「オルファヌス」（左上図）その他▶
『健康の園』（Hortus Sanitatis）、1499 年版
（巻頭のカラー口絵［2］も参照）

ルの一種だと考えられています。

[72] ペラニテス　PERANITES

ペラニテスはミケトン（マケドニア）に産出する石である。それの性は女性である。というのも、この石は、ある時期になると妊娠し、自分と同じような別の自然石を生むといわれているから。そういうこともあり、石は妊婦に効力があるといわれている。

プリニウス『博物誌』第三七巻・一八〇の叙述によると、アルベルトゥス・マグヌスのPeranites《ペラニテス》に相当する石は、Paeanis《パエアニス》（←おそらくギリシア語Paian《パイアン》「医神。分娩を助けるともいわれる」）とか、Gaeanis《ガエアニス》（←ギリシア語のGaia《ガイア》「大地の女神」の石）と呼ばれております。ちなみに、ずっと前に述べた［32］（第Ⅱ部）のEchites《エキテス》（鷲石）とも比較してみてください。

[73]

ペリテ（またはペリドニウス）　▼I-04

PERITHE / [PERIDONIUS]

ペリテ、またはペリドニウスは、黄色の石である。これは気管支炎（咳など）に有効といわれている。この石に関して驚くべきことが報告されているが、それは、この石が強く握られるなら、手に火傷を引きおこすというものである。だから、石を手にするときは軽く注意深く触《さわ》る必要がある。また、いわれるところによると、これには、より緑がかったということを別にすると、クリュソリトゥスに似たもう一つ別の種類があるとのことである。

この本文の「黄色の石」（おそらく黄鉄鉱であるpyrites《ピュリーテース》）と、「緑がかった石」（黄緑色のperidonius《ペリドニウス》、英語のperidot《ペリドト》）、さらに本文中にもあるクリュソリトゥスのことなどは、第I部04の「ペリドニウス（ペリドット、橄欖石）の箇所でやや詳しい説明をすでに終えています。さらに、後述予定のTで始まる石[90]「トパシオン」、Vで始まる石[94]「ウィリテス」でもこれの関連事項がありますので、それを参考にしていただくとして、次の石に移りましょう。

[74]

プラッシウス（緑石英）

PRASSIUS / [PROPHILIS]

プラッシウスはしばしばスマラグドゥス（エメラルド）の子宮とか宮殿とかいわれる石である。これは緑色であるが、プラシウム（ネギ、ニラ）つまりイヌハッカ（marrubium《マルビウム》）のような鈍い緑色をしている。それは、ときには白い斑点をもったものが見出される。さてまた、この石には経験上、視力を強化する作用のあることが確かめられている。それは、イアスピス（ジャスパー、碧玉）のような作用やスマラグドゥスのごとき作用をもっているのである。

（プロフィリス石）――ところで、ある書簡の中で、アエスクラピウス派のある哲学者たちはオクタヴィアヌス・アウグストゥスに次のようなことを伝えたという。すなわち、ある毒物があまりにも冷性のものだったため、それで毒殺された人間の心臓が火によってさえ焼かれることなくそのままに保たれたと。もし、その心臓が火の中に非常に長く置かれるなら、焼き固められて石にかわる。が、その石は火にちなんでプロフィリス（profilis←ギリシア語 pyro《ピューロ》「火を」・philus《フィルス》「愛するもの」）と呼ばれる。そしてまた、その人間という材料からできた石ということで、フマヌス（humanus《フーマーヌス》「人間のもの、つまり人間の石」）とも呼ばれる。これは、石が勝利をもたらし毒から身を守ってくれるというわけで、貴重であるといわれている。／さて、寓話に似ているけれども、次のような話が伝えられている。すなわち、マケドニアのアレクサンドロス大王は、戦闘の際にこの石を帯《ガードル》の下に入れて身につけていたということである。そして大王がインドから引き返す途中に、ユーフラテス川で水浴びをしたいと思い、ガードルをとってそばに置いた。すると一匹のヘビが、たまたま口でかんで石を切り離し、それをユーフラテス川に吐き出した、と。アリストテレスがこのことを『ヘビの本性について』という本の中で述べたということである。が、その本自体はわれわれには伝わっていない。とにかくこの石は、白く輝いた部分が混じった赤色をしている。

以上の本文には、どうやら二つの石が別項目ではなく一文の中にまとめて叙述されているようです。が、後者の不思議な力をもつプロフィリス石についての説明は、ここで割愛させていただきます。プリニウスもその『博物誌』第一一巻・一八七節でこれに触れており、さらに、英雄・アレクサンドロス大王の身の守り石という非常に興味深い話ではあるのですが。

ここでは、前者のプラッシウス（prasius←プリニウス『博物誌』第三八巻・一一三節のプラシウス prasius←ギリシア語 prasios《プラシオス》「ニラ色の」←prason《プラソン》「緑色のニラ」）については少しその効用のことに触れておきたいと思います。

中世時代の文献によると、プラッシウスは眼に対する効用のほかに、熱病を下げるとか打撲傷によいとかいわれてきました。が、例の一一世紀末の有名な宝石療法賛歌の主《ぬし》だったマルボドゥスは、そっけなくもプラシウス（prasius）の効用については、「人の眼をひくプラシウスは、一般に宝石の一つに数えられている。／確かに優美さはもっているが、高価ではない。／緑色をしていて金を飾るにふさわしいが、そのほかにはとりえがない。／もう一つの種類は、血の色の斑点に覆われていている。／三つ目の種類は、三本の白い模様が入っている」という程度であります。しかし現代の宝石療法家たちによると、解熱とか鎮痛、そのほかの腫脹・打撲傷を鎮め、日射病・日焼けなどに効能があり、精神面でも自分の生活の意識的コントロールや平静化に役立ち、情緒面でも激しい感情の高まりや怒りを鎮めるなどの効果にすぐれている、とされています。そしてまた身につけるときは、この石がゆっくりと効いてくることから、比較的長く体につけることや、痛み・腫れを鎮めるには、石を前もって温めておく必要があるということです。万物が出す気とかオーラの波動が、それぞれによい共鳴・共振・調和をもたらすことが求められているわけです。こういう波動は現代科学の技術では到底測定できないものが大部分ですが、最近の量子力学でさらに発展し、予想化がさらに可能になることも望まれることですが、何よりも自分の心身の真・善・美的なセンサー能力を高めるため、心身をととのえ、瞑想をし、その他、できるだけ虚心坦懐・無欲であろうと、不自然ならぬ自然的な修行を心がけていくことが望まれるゆえんです。これまで何度も申しあげてきたとおりです。

　ところで、プラッシウスの項目本文の冒頭に出てくる「スマラグドゥスの子宮とか宮殿」の叙述に関しては、既述項目「Bで始まる石」の一つである［03］「バラギウス」の当該箇所を参照願うとともに、プリニウスが『博物誌』第三七巻・七五節で参考にしたテオフラストス（古代ギリシアのアリストテレスが開いたリュケイオンのあとを継ぎ、そこの二代目学頭になった大哲学者）の『石について』二七の次の記述、つまり「スマラグドス（ラテン語ではスマラグドゥス）は、さきに述べたように稀《まれ》な産物である。それはイアスピスから生ずるからだと思われる。かつてキプロスで、半分がスマラグドスで半分がイアスピスの石が発見されたといわれている。それは、また水から石に変化していないかのようであった」とか、アルベルトゥス・マグヌス自身の後述項目［86］「スマラグドゥス」の叙述も見ていただければ幸いです。

■Qで始まる石（2種）■

［75］

クァンドロス

QUANDROS

クァンドロスは、ときどきハゲタカの脳の中に発見される石である。そのパワーはどのような有害な事故であってもそれに対抗して有効だといわれている。またこの石は乳の出を非常によくするのだ。

この石に限らず、動物の霊力の結晶した石についての記述は以前にもいろいろと例がありました（例えば「Aで始まる石」[06]アレクテリウス「雄鶏石」を参照してください）。

[76] クィリティア ▼I-30 QUIRITIA

クィリティアは、ヤツガラシの巣の中にときどき見つかる石である。ヤツガラシは全般に、マギ僧（ペルシアの司祭→魔術師《マジシャン》）や鳥占い師が言うように、魔術師的であり多くのことを鳥占い師的に予言する鳥である。この石は、秘密をあかしたり幻覚をおこさせたりもする。もし石が眠っている人の胸の上に置かれるような場合にはの話であるが。

ヤツガラシという鳥は、大きなとさかをもち、黒地に白の斑紋のついた見ごたえのある翼をもち、汚物を食し、汚物の中に巣をつくると考えられていました。アルベルトゥス・マグヌスは、自分の『動物論』（第二三巻・一一二）の中で、人が寝床に入る前にヤツガラシの血を額に塗っておくと、彼は悪夢にうなされるし、この鳥の脳・舌・心臓は呪文を唱えるときに用いられる、と言っています。

■Rで始まる石（2種）■

[77] ラダイム ▼I-31 RADAIM

ラダイムとドナティデスとは同じ石であるといわれる。人々の言うには、石は黒くて輝いている。雄鶏の頭が、それを食べるようにアリに与えられると、ずっと時間がたってから見ると、ときどきその頭の中にこの石が見つかる。どんな願いでも遂げさせてくれる効力がこの石にはあるといわれる。

この石（第I部12アレクトリア（雄鶏石）と比較対照してみてください）については、すでに第I部31でやや詳しく述べましたから、そこを見てくだされば有難いと思います。

［78］

ラマイ

RAMAI

ラマイは、医術や錬金術の書物に述べられているが、ボルス・アルメヌス（Bolus armenus《ボールス アルメヌス》「アルメニア産の白陶土」というラテン語）と同じものである。これは赤っぽい石である。その効能が経験上確認されているものとしては、腹のゆるみ（下痢）、特に血性下痢や月経流出過多を収斂・抑制する作用があることである。

ボルス（ラテン語 bolus《ボールス》←ギリシア語 bōlus《ボーロス》「土・土くれ・土壌」）という言葉そのものは、古代ギリシアで使われていましたが、どこどこの土がもつという医薬的な効能も、古代ギリシアのヒポクラテス（例の西欧での「医学の父」、紀元前五世紀）やディオスコリデス（西欧およびアラビア世界での「薬物誌の父」、紀元後一世紀）で取りあげられ、とくに後者は、掲載図（巻頭の口絵［6］を参照）にもあるように、例えばバグダード学校の Bolus rubra《ボールス ルブラ》（「赤いボルス土」、「アラビアのディオスコリデス」からの転載。あわい赤色土が確認できます）によってその名を知られています。

一般に、ラマイ石は例の一一世紀のコンスタンティヌス・アフリカヌスの著作『尺度について』では、次のように紹介されています――「ボルスは、第一度の冷・乾という基本性質をもっている。これは、出血・下痢・血性下痢・痔疾・腱痛のために処方される」と。アルメニア産と思われるこの鉱物（石）は、一種の粘土、または黄・赤色絵具《えのぐ》の原料である黄土であろうと考えられます。いろいろな種類の土には、またそれぞれにさまざまな医薬的効能があり、例えばディオスコリデスの『薬物誌』第五巻に多出する鉱物薬類、なかでもさきのボルスと関連するその二〜三を例証に出しますと、第五巻・一〇八（編集責任者は大槻・大塚の和訳『ディオスコリデス薬物誌』中の番号による）「黄土（OCHRA《オクラ》）」には、「その薬効は収斂作用であり、炎症や小さな腫脹を熟膿させたり、散らしたり……」、一一三「レムノス土（LEMNIA GE《レームニア ゲー》）」には、「劇薬に対して解毒剤としてすぐれた薬効がある。……また打撲傷にもよく……」と記述され、また一七三「サモスの土（LITHOS SAMIOS《リトス サミオス》）」――「薬効は収斂させ冷やす作用で、服用すると胃病に効くが、感覚を麻痺させる。乳とともに用いれば、目やにや眼の潰瘍に効く。……」とか、一七六「キモロスの土（KIMOLIA《キモリア》）」――「酢で薄めて塗布すると、耳下の腫れ物や軽度の腫瘍を散らす。火傷の場合、即座に塗布すると水泡化を防ぐ。……全身の各種の炎症も抑える。……」、また、一七七「陶土（PNIGITIS《プニーギーティス》）」は「キモロス土と同じような薬効がある」などなど、いろいろな土の効用が延々とつづきます。動物でも人でも怪我をすると、その場所の近くにある土を塗りつけたり、ある動物たちがときどき土を食べたりしているのを見ることがあります。が、土には身体内外の傷の炎症を収斂・抑制、または熟膿（悪いものを膿にして熟し排出させること）させるパワーが自然から与えられているわけです。私どもは土を人間の手で汚染しておきながら、土のなかには破傷風菌のような恐ろしい毒があるのだと一方的にむやみに決めつけることがありますが、それは避けなくてはならないと思います。贅言多謝。

inuenitur in cerebro Vulturis cuius virtutē fecerūt esse cō-
tra quoslibet nociuos casus & replet manillas lacte.

¶ Capitulū. XVI. De incipientibꝫ a littera R.

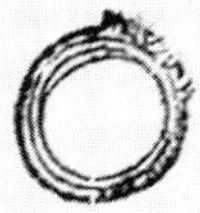

RAnnai qđ in medicinalibꝫ reperitur et al-
chimicis qđ idē est qđ bolus armenus Est autē La-
pis subrubeus Huius autē ꝟtus pro certo exper-
ta est ꝙ est cōstrictiua ventris & precipue sanguis
dissenterie & menstruoꝝ. ¶ Radaym lapidem & donatidē
eundē aiunt: dicūt aūt ꝙ niger est lucens Ferūt aūt ꝙ quādo
capita galloꝝ comedere dantur formicis ꝙ aliqn̄ post tem-
pora multa in capite maris galli hic lapis inuenit Ferunt etiā
hunc valere ad quodlibet impetrandū.

¶ Capitulū. XVII. De incipientibꝫ a littera S.

SAphirus est lapis valde notus: et secūdū
plurimū eius venit ab Oriēte ex India. Inuenit etiā
in ypidonio apud rhodanū ꝓuincie regionē & ci-
uitatē: sed non est adeo preciosus vt per omia sit si-
milis orientali Est aūt in colore perspicuus flauus sicut celū
serenatū: sed vincit in eo flauus color & ideo est melior qui
est non satis perlucidus Optimus aūt qui nubes habet ob-
scuras ad rubedinē declinantes Inuenitur etiā bonus qui al-
bidas habet nubeculas & substantia sua sit sicut fusca nubes
aliquantulū trāsparens. huius aūt ꝟtutē ego vidi ꝙ antraces
duos fugauit Aiunt etiā hunc lapidē hominē castū reddere
& interiorē ardorem refrigerare: sudorē stringere: dolorem
curare frontis & lingue: vidi ego vnū in oculū intrare & sor
des ex oculis purgare: Sed ante vult poni in aquā frigidā &
post similiter Qđ autē dicunt ꝙ amittit ꝟtutē & colorē post
ꝙ̄ semel fugauit antracē: est falsum quia vidi vnū qui succes
siue interiecto spacio fere annoꝝ quattuor fugauit antraces
duos Dicunt etiam ꝙ corpus vegetat: pacē cōciliat: pium et
deuotū ad deū efficit: & animā firmat in bonis: hic lapis alio
nomine syrites vel vt alijs placuit syrtites vocatur eo ꝙ in syr
tibus inuenitur. ¶ Sardonix quē quidam sardonicem vo-
cant: etiam cōpositus est ex duobus lapidibus Sardio vide-

H ij

■Sで始まる石（11種）■

[79]

サフィルス（サファイア） ▼I-44

SAPHIRUS

サフィルスは、非常に有名な石であり、オリエントのインドからほとんどが産出する。さらに、それはまたトグヌム管区の地域の近くにある地下鉱脈の中でも発見されている。しかしこれは、オリエント種に全く似ているほどには高価でない。その色は明るく澄んだ空のように透明なブルーである。とにかくブルーが優勢である。オリエンタル種のよりよいものは、それほど全く透んでいるというわけではない。いちばんすぐれたものは、赤っぽい色合いの暗い雲をもっている。しかし、小さい白い雲をもったよい種類が見つかっている。それの物質はほの暗い雲のようであるが、むしろ半透明である。ところで私自身は、この石が二つの癰《よう》を取り除いた石のパワーをじかに見た。また人々が言うには、この石は、人を貞潔にし、体内の奥にある熱病を冷やし、汗を引かせ、額と舌の痛みを治すのだと。私自身は、ある人が石を眼の中に入れて眼からごみを取り除くのを見たことがあった。しかし前もって石は冷水に入れておくべきであり、その後も同様に

『鉱物書』初期印刷本（1518年、オッペンハイム刊）▶
「Rで始まる石／Sで始まる石」冒頭
オクラホマ大学図書館蔵本

すべきである。石は一度、癰を治したあとは、そのパワーも色も失ってしまうのだということは、真実ではない。というのも、ほとんど四年の経過があって、連続してまた二つの癰を取り除いた人を実際に見たことがあるからである。人々が言うところによると、この石はまた、身体に生命を吹き込み、平和的に同意するようにさせ、人を神に対して敬虔にしかつ帰依させ、善において魂を強化するのだと。この石はまた同様に、他の名前でシリテスとも呼ばれる。他の人たちのより気に入った言い方ではシルティテスと呼ばれる。まさにこの石が、シルティス（堆積した砂）の中に見つかったからである。

さて古代ギリシアでも古代ローマにおいても、テオフラストス（『石について』三七）やプリニウス（『博物誌』第三七巻・一二〇節）などに見られるごとく、じつはラピス・ラズリ（lapis《ラピス》 lazuli《ラズリ》）がサファイアでした。が、ラピス・ラズリについては、後述される「Zで始まる石」の［95］ゼメク（zemech）の項で説明することになるでしょう。しかしそれはともあれ、プリニウスと同時代に薬物誌を書いたディオスコリデスに出てくるサファイア（第五巻・一五七）の粉末というのも、明らかにラピス・ラズリを粉にしたものだったのではないかと考えられます。

しかし、一三世紀ごろとそれ以後になると、サファイアは透明な青い宝石、特にブルー・コランダム、つまりサファイアを意味するようになりました。ついでに申しますと、コンランダムとしてのサファイアの硬度は九で非常に硬いのに対し、古代のラピス・ラズリ（としてのサファイア）の硬度は五～六で、粉末（薬剤）にもしやすいわけです。念のために申し添えておきます。

ところで、サフィルス本文の終わりに出てくるシルティティテスのことですが、これは明らかにプリニウス『博物誌』第三七巻・一八二節に出てくる「シュルティティス（シルティス石）」、つまり、これには「ハチミツ色でサフラン（鮮黄色）の輝きがあり、内部にはほのかな星のような斑点がある」と記述されているものに通じていると思います。しかしこれとて、ラピス・ラズリについての記述。というのも、この石は黄鉄鉱（pyrite《パイライト》）の黄金色の斑点を含んでいるため、これがシルティテス石の中に輝いている星と描写できるからであります。

以上、アルベルトゥス・マグヌス自身のサフィルス（サファイア）をめぐる記述は記述として、現代の宝石療法に流れ込んだサファイア宝石療法について、少し触れておきたいと思います。すでに、『ヒルデガルトの宝石論』でかなり詳しくサファイアの語源と効力を説明しましたので、重複は避けたいと思いますが、まずサファイア（コランダム系、化学組成 Al_2O_3+Fe,Ti）を身につける場合の使用法から説明します。これは腹部と額《ひたい》部の上につけることが望ましいとされます。何といっても、この石は清らかに明るく澄みわたった宝石のシンボルとして頭脳とか眼に密接に関係してまいります。そういう共鳴・共振のオーラを出す石として、知識・知恵への志向・願望を促す強い傾向がこれにはあるでしょう。しかしまた、心身の生命力を高める太陽の強い温性をもつものとして、身体、なかでも腹部を強化するすぐれた力をもつとも考えられました。栄養をつかさどる腸、神経系、さらに栄養などの不調からくる熱病・苦痛（痛み一般）の沈静化にも効力があるとされました。しかし何といっても古代（エジプト、バビロニア、ギリシア）はラピス・ラズリ（化学組成〈$(Na,Ca)_8[(SO_4/S/Cl)_2/(AlSiO_4)_6]+Fe$〉）だったのですから、ついでにこのほうの心身共鳴・共振をもここで取りあげ、両者を比較検討するのが実際上の筋なのです。しかしここでは全体の叙述のバランスを考慮して、またの機会にまわすことにします。

[80] サルコファグス　SARCOPHAGUS

サルコファグスというのは、死人の肉体を食い尽くしてしまう石である。というのもギリシア語で σαπκός（sarkos《サルコス》 → sarcos《サルコス》）は「肉」を、φαγῶ（phagō《ファゴー》）は「食い尽くす」を意味するからである。古代のある人たちは最初にこの石で死体の棺をつくった。それが三〇日間で死体をすっかりなくしてしまうからである。そのためわれわれのこの石でできた記念物はサルコファギと呼ばれている。

ちなみに、ここのラテン語原文には珍しくギリシア文字が出て来ましたので、そのままここに掲載することにしました。

さて以上の本文は、プリニウス『博物誌』第三六巻・一三一節と関連するものですが、どうやらこれは、生石灰（英語で quicklime《クヴィックライム》）についての話と混同されているようです。いずれにしても誇張が多いことは多いのですが。プリニウスの記述だと、四〇日以内に歯だけ除いてすべて食い尽くされるとあり、アルベルトゥス・マグヌスの記述の正確な出所はセヴィリアのイシドルスの本（XVI, 4, 15）にあるということになります。

［81］ サルダ（サグダ） SARDA / [SAGDA]

サルダ（サグダ）、他の人々はサルドと呼ぶが、その石は、磁石が鉄にくっつくように、木材の板にくっつく。そのように、この石は木製の船の壁板に非常によく付着するので、石が付着している板の部分が切り離されなければ、石をはがすことはできない。この石は、色については最も純度があって光り輝いている。

文献上ではサグダを最初に紹介したのは、プリニウスの『博物誌』第三七巻・一八一節ですが、そこには、「船体にくっついているニラ色の石で、占星術家が名づけたもの」とあります。そしてこれはまぎれもなく、フジツボなどの貝類が考えられます。ところがそうだとすると、本文の最後、つまり石の色について、原文には「purissimum《プーリッシムム》 nitens《ニテーンス》（最も純度があって光り輝いている）」（私どもの用いているパリ版、一八九〇〜九年）とあるのとは、プリニウスのニラ色と合わなくなります。しかし、同じアルベルトゥス・マグヌス『鉱物書』のオッペンハイム版（一五一八年）だと、このテキストは prasinus《プラシウス》 hoc est virens《ホクエストウィレーンス》（ニラ色、つまり緑色の）となり、プリニウスの叙述に合い、したがって、この項目の表題はサルダ（次の項目「サルディィウス」と同じ）ではなく、サグダが正しいということになるわけです。

[82]

サルディヌス（紅玉髄）

SARDINUS

サルディヌスは、非常に古い時代から宝石のうちに数えられている。この石の色は濃い赤で、いくらか半透明性のもので、あたかも赤土に何か光りの透過性があるかと思われそうである。この透過の差異に応じて五種類が発見されている。おそらくこの石は他の石たちの子宮であり、それらがここで生みだされる家なのである。この石は、以前サルディスの町で発見されたということである。それゆえにそう呼ばれている。さて人々の言うには、この石は魂を喜ばせ、才能を高め、反対の効力によってオニュクスの危険から保護してくれる。

ここでは、プリニウスが『博物誌』第三七巻・一〇五節でサルディヌスをサルダと呼んでいることだけを指摘して次の項目に進みましょう。

[83]

サルドニュクス（紅縞メノウ）

SARDONYX

サルドニュクスは、ある人たちによってサルドニュケムと呼ばれているが、いずれにしても二つの石、すなわちサルダ〔サルディヌス〈赤い石〉〕とオニュクスからできている。それゆえにこの石は赤く、赤色が石そのものにおいて優勢であり、これはサルディウス〔サルディヌス〕からきたものである。さらにそれはまた、白と黒と爪〔もともとonyxはギリシア語で「爪」を意味する〕の色をもっており。それらはオニュクス石からくるものである。これらの色がくっきりした層をなすもの、本体の濃密なものが、より称賛されている。現在は五種類であるが、おそらく色の混合の違いとか濃密さの違いとかに応じて、もっと種類は多くなるであろう。サルドニュクス石は、インドやアラビアでよく見つかる。これは、無節制を遠ざけ、人間を貞節にし、慎み深くさせるという。しかし、この石の最大のパワーは次のことにある。つまり、オニュクス石は、その本体のなかにサルディウスを含んでいるならば、オニュクス石を身につけていても、これが何ら害を及ぼすことはできないのだということである。

オニュクス石そのものが、それを所持している人にどんな害を及ぼすかについては、「Oで始まる石」

の［66］オニュクスの項を参照してくだされば有難いと思います。

それはともかく、サルドニュクスの波動効果については、現代の宝石療法でもいろいろと叙述されています。所持にあたっては、これが腹部に置かれると、身体的に非常に強く作用することなど。その作用としては、五感を強め、それらによる知覚をよりよくし、体液の流れ、免疫作用、細胞代謝、腸の作用を刺激して、それによって栄養摂取・老廃物排泄を促進する効能が特筆大書されています。心的にも、徳性・友好性を高め、自己に打ち勝ち、自己信頼性を強めるなどの功徳があり、心を安定化し、悲しみや喜びを通して、他の人々といろいろなことを節度正しく同調•協和できることなど、数々の効能が実証されております。

ちなみに、この石の化学組成は SiO_2+C+(Fe,O,OH) であります（M・ギーンガーの調査結果から）。

［84］

サルミウス（サミウス） ▼I-45 SARMIUS / [SAMIUS]

サルミウス（サミウス）は、サルミア島（サモス島）に見つかったことから、それにちなんで名づけられた石である。金はこの石で磨かれる。それはまた、（粉にして）飲むとめまいを鎮め心気を強固にしてくれるという。しかし、これには次のような欠陥があるという。すなわち、この石が出産時の妊婦の手に結びつけられると、それは出産をさまたげ胎児を子宮の中に留めてしまうのである。

この石は、おそらく白亜《チョーク》または白い粘土で、プリニウス『博物誌』第三五巻・一九一節の「サモスの土」に相当するものと考えられますが、プリニウスの記述だと、この土の効能は、吐血する人とか乾燥用に塗り薬に混ぜるとか眼薬の配合剤に有用とあります。後代になって、本文にあるような効能もあるのがわかったのでしょうか。

[85] シレニテス（セレナイト） ▼I-05 SILENITES

シレニテスは、それについてのさまざまな種類が報告されている石である。つまり、ある人たちが言うには、この石はインドのある種のカメの中に生じ、赤や白や紫といった色とりどりの非常に美しいものでもあるし、他の人々の言うところによると、この石は緑色で、ペルシアの諸地域でしばしば発見される。さらにまた、この石は月が満ちてくるときには大きくなり、月が欠けていくときは小さくなる、と言う人たちがいる。またこれは、身につけると未来のある予知能力をもたらしてくれるといわれる。ただし、舌の下に含めておくとであるが、特に月の満ちていく第一日目（新月）と一〇日目に予知能力を与えてくれる。つまり、人々の言うには、新月のときは、朝方《あさがた》にたった一時間だけ石が其の力をもち、また一〇日目の月のときは、第一時と第六時の一時間にこの力をもつということなのである。予言の仕方というのは次のとおりである。すなわち、まず石を舌の下に含めておき、ある取引きに際して、それを行なうべきかどうかをよく考えるとき、行なうべきであれば、どうしても振り払えられないような確固とした気持ちが心に植えつけられるが、もし行なうべきでないというのなら、心はさっさとそれから跳びのいてしまう、というふうにである。さてまた、この石はだらだらとした無気力で衰弱した肺癆患者をも治すことが報告されている。

ギリシア語で天体の月は selēnē《セレーネー》。ここから「月の石」は、古代ローマでは silenites《シレーニテス》, sylenites《シレニテス》, synolites《シノリテス》などと呼ばれていました。今日、英語で selenite《セリナイト》といわれているものは透明な石膏（$CaSO_4$）で、後述の項目 Specularis《スペクラーリス》のところでも触れる石ですが、いわゆる私どもが六月の誕生石として親しんでいる moonstone《ムーンストウン》は石膏とは違う「月長石」のことです。が、以上のほかにもキャッツ・アイとかオパールなどの玉虫色の石、さらにダミゲロンの言う「ジャスパーのような石」などまで月の石に含めますと、これといった決め手がなく、アルベルトゥス・マグヌスも月の石には右往左往する状態でした。まさにさまざまな顔を見せる変化に富んだ月の石であります。

[86]

スマラグドゥス（エメラルド、その他の緑石）▼I-35 SMARAGDUS

スマラグドゥスは、多くの他の石よりも高価な石ではあるが、稀にしかないというものではない。石の色はこの上なく緑であるが光りは通す。この石は自分の緑で周囲の空気を緑色に染めてしまうように見える。石の姿に関しては、表面の平らなものがより優れている。というのも、この場合は、ある部分が他の部分を陰《かげ》にすることがないからである。しかし、光りによっても陰によっても変化しないものがより優れている。人々の言うところによると、表面の平らかさと色の違いによって、これには一二種類がある。というのも、石はときどき黒胆汁のようなものを含んでいたり、小枝が絡《から》まったように見えたりするものがあり、さらにまたスキュティアのとか、ブリタニアのとか、ナイル川のとか、産出地によってそう呼ばれるものがあるから。さらに銅鉱脈の中で成長するもの、汚れのあるもの、カルセドニー石（玉髄）の混じったカルセドニー風のものがある。しかし、それらはすべてにまさったものといえば、やはり何といってもスキュティア産のものである。伝えられるところによると、この石はグリフィン（ワシの頭・翼・爪とライオンの胴体をもつ怪獣）の巣から取り出されるというが、それら怪獣が残忍な眼でこの石を守護しているのである。ギリシアから来た真実を語る注意深い探索実験家が言うところによると、スマラグドゥスは海の水の下にある裂け目の中で成長し、そこにしばしば発見されるのだと。なるほどまた次のようなことも理にかなっている。つまり、この石は銅鉱脈の中で成長し、まだ銅そのものになることはないために透明なのであると。銅といえばなるほど、その錆はこの石と同じく緑である。さてまたわれわれの時代に経験されたことではあるが、もし石が本物ですぐれたものであれば、この石は性交に耐えることができないのである。というのも、われわれの時代にそこを支配していたウンガリア（ハンガリー）の王が、妻との性交中にこの石を指につけていたが、これが三つに砕けてしまったことがあったからである。だから、人々も言うように、この石は携える人を貞節にさせるということがありうるだろうと。また人々の言うところによると、この石は富を増大させ、裁判の際には説得力のある言葉を思いつかせてくれるのだと。また、首に下げていると、準三日熱や癲癇《てんかん》を治す。そしてまた、弱い視力を強くしたり、目を保護したりすることが、実際に確かめられている。さらに、人々の言うところでは、この石は記憶力をよくし、悪天候を遠ざけ、予言に役立つ。だから魔術師たちはこの石を探し求めるのである。

スマラグドゥスについては、第I部35の箇所はもとより、『ヒルデガルトの宝石論』、『アラビアの鉱物書』などで縷々説明してきましたので、ここでは例によってM・ギーンガーの『宝石療法』から三～四のものを簡単に引用するにとどめておきたいと思います。

とにかく、現代のエメラルド（ベリル、つまり化学組成は $Be_3Al_2(Si_6O_{18})+K,Li,Na+(Cr)$）としてのスマラグドゥスのパワーが心身に与える効能は非常に大きく、病んだ身体の部位の上に置くことはもとより、いろいろな所持の仕方があります。が、とくに瞑想のときなどに何らかの形で所持することが勧められています。身体的な効能としては、視力をよくしたり副鼻腔や上気道の炎症を治すことのほかに、心臓・肝臓の重要器官を強くしたり、解毒作用・免疫機能の強化、リューマチの苦痛を鎮めることなどがあります。心のほうへは、精神的な成長、美・調和・正義への心性を向上させること、友情・愛を育《はぐく》み、精神的に若々しさを保つこと、苦難に打ち勝ち、すべてに明晰《せき》性・先見性を賦《ふ》与するなどの功徳をこの石はもっています。

[87]

スペクラリス　SPECULARIS

スペクラリス（鏡石。specularis《スペクラーリス》は「鏡の」を意味するラテン語←specio《スペキオー》「見る、観察する」。ここから→英語 spec《スペク》tacle《タクル》「光景、見せもの」、spectrum《スペクトラム》「スペクトル」などなど）は、それがガラスのように透明であることからそう呼ばれている。スペインのゼゴヴィアの町で初めて見つかったといわれる。私自身としては、テウトニア（ゲルマニア、ドイツ）のさまざまな地方で車がその荷でいっぱいに積まれるほどたくさん発見されたのを見た。さらに私は、ガリア（フランス）地方ではこの石が石膏と一緒に見つかったのを見たことがある。それというのも、スペクラリス石は石膏のいちばん外の部分にあたる石のようだから。その部分を切り出して任意の薄片に砕き、ガラスからの場合と同様に、それから窓をつくる。ただし、ガラスのときの鉛の代わりに、モミ材でつくった軽い木製の枠を使わなければならない。この石には三種類があるように思われる。すなわち、その一つはガラスのように明るく透き通っており、もう一つはインクのように奥まで黒く、三つ目はレモン色をした石である。このレモン色のものは、すでに述べたように、雄黄（auripigmentum《アウリピグメントゥム》）または砒素（arsenicum《アルセニクム》）と人々が言うもので、これは前二者とくらべて、高価で貴重なものである。

スペクラリスについては、プリニウス『博物誌』第三六巻・一六〇〜一六二節にやや詳しい叙述があることを、ここではただ指摘するだけにして、次の項目に進むことといたします。

[88] スエティヌス（スッキヌス、コハク）

SUETINUS / [SUCCINUS]

スエティヌス（スッキヌス）は黄色の石である。それをギリシア人たちはエリキアム（eliciam, エレクトロン）と呼んでいる。ときにはガラスのように透明なものが見つかっている。石の名はその素材に由来している。というのも、石はピヌス（マツ）と呼ばれる木の液汁（スックス succus《スックス》「液汁」

↓succinus《スッキヌス》）または樹脂からつくられるからである。一般にはルブラ（ランブラ↑アラビア語anbar《アンバル》）と呼ばれている。石をこすると、それは葉っぱとか藁《わら》や糸を引きつける、磁石が鉄を引きつけるように。人々が言うには、この石を身につける人は貞操を守る、と。また確かめたところでは、石に火をつけるとヘビを追い出し、妊婦には安産の助けとなるということである。ところでより優れているのは、暑い夏に流れ出す液汁からつくられた石であるが、その他の季節の液汁からのものはよりくすんだ石になっている。

その当時の文献にはSuccinus《スッキヌス》, Electrum《エレクトルム》（↑ēlectron《エーレクトロン》「コハク」）, Lambra《ランブラ》（↑anbar）など、コハク（英語amber《アンバー》）を示す言葉がいろいろ出てきているのに、アルベルトゥス・マグヌスはどうしてSuetinus《スエティヌス》などという表示をしたのか、どうも理解できないし、本文最後のほうにある「季節」と訳せる部分にしても、他の文献（例えばトマス）にはtemporis《テンポリス》（季節の）と前後関係にふさわしい言葉が出てきているのに、アルベルトゥスにはcorporis《コルポリス》（体の、木の）と不適切な言葉が使われています。

ところで、いわゆるコハクについては、例のプリニウスが、『博物誌』第三七巻・三〇〜五四節（五二〜五四節は「リュンクリュム」の叙述、アルベルトゥスでは「リグリウス」、前述の［56］参照）で延々と、その由来についてギリシア神話、その他いろいろのものを引き合いに出したり、コハクの種類・価値・薬効などもいろいろ紹介していますが、ここではやはり割愛して次の項目に進みます。

[89]

シュルス

SYRUS

シュルスは、イシドルスの言うところによると、シュリア産の石であり、個々の石全体としては水に浮くが、小さく砕いたものは沈む。その原因は確かに、石全体のときは、中にあいている孔《あな》が空気を含んでいる（ために浮く）が、粉々に砕かれるとその空気が外に出ていくからである。

本文は以上のとおりですが、実際は、プリニウス（『博物誌』第三六巻・一三〇節）が簡単に報告しているように、シュルス石はシュリア（シリア）産のものではなく、シュロス（現在のシュラ）島産の軽石（浮石）であります。とにかくイシドルス（六〜七世紀、スペインのセヴィリア出身の百科全書家）を経由するうちに、プリニウスの叙述がちょっと変形して産地までちがってしまったわけです。

■Tで始まる石(2種)■

[90]

トパシオン(トパーズ、黄玉) ▼I-06

TOPASION

トパシオンは、最初に発見された場所にちなんで名づけられた石である。その場所はトパシス島と呼ばれたという。この石の外観は黄金に似ている。これには二種類あり、その一つは黄金に全く似たものであり、この種類のほうが高価である。もう一つはサフラン色で、黄金よりも色が薄く、このほうは安価である。さて、われわれの時代においては次のことが確かめられた。すなわち、沸騰した湯の中にこの石を入れると、しばらくして手を入れても石を取り出せるほどに、この石は湯を冷やすのである。この実験は、われわれの修道会の一員がパリで行なった。さらに、言い伝えによると、この石は痔の病気や夢遊病に対して効力がある。ところでまた、この石が鏡であり、対面した物体の像を凹面鏡のように凸面に映し出す、というのは確かである。そのわけは、表面が凹面であることによって、石が内部での濃縮し固められたからにほかならない。

Topasion《トパシオン》は当時Topazion《トパジオン》とかTopazius《トパジウス》とかとも呼ばれていましたが、古代の名だったtopazos《トパゾス》（ギリシア語）とかtopazus《トパズス》（ラテン語）とかいっても、文献上の記述はどこまでもプリニウスの記述が元《もと》になっております（『博物誌』第三六巻・一七〇節、第三七巻・二四節、同巻・一〇七～九節）。この名の語源についても、紅海のトパゾス島（現在のセント・ジョーンズ島）にちなんだものだとか、その他、一～二のものが『博物誌』その他によって記載されています。しかし、石本体が、英語でいうchrysolite《クリサライト》（貴橄欖石）だったかperidot《ペリドト》（ペリドット、橄欖石）だったか、それともこれらに類するものだったか、決してはっきりしてはいません。それに、アルベルトゥス・マグヌスの上記本文の沸騰した湯とか凸面鏡などの諸叙述を合わせて考えるならば、もう一度、第I部で私が説明した諸項目、つまり04ペリドニウス（橄欖石）、06トパゾス、20ヘファエスティテス、27クリュソリトゥス（貴橄欖石）、41ヘファエスティテスの各項目を比較検討する必要を感じます。

しかし、それはともあれ、いずれにしても現代鉱物学でいう正真のトパーズ、これ（本来の黄色のトパーズ、つまり英語でImperial《インピーリアル》 Topaz《トパウズ》）については、例のM・ギーンガーの示す記述を少し、参考までにここで掲げてから本項目を終わりたいと思います。

化学組成$Al_2[F_2/SiO_4]+P$のインピーリアル・トパーズは、文字どおりphōs《フォース》「光り」をphoros《フォロス》「もたらすもの」、つまりPhosphoros《フォースフォロス》（Phosphorus《フォースフォルス》）、化学元素記号は頭文字をとってPを含む（このP、すなわち燐《りん》によってトパーズは黄金色である）太陽の石であり、それゆえにこそ、この石を所持するときは、太陽神経叢の部位に当たるように身につけることが勧められているのです。肉体的には、神経衰弱状態の際に役立つこと、とにかく全般的に神経を強化し、この活動性を高め、食欲・生命エネルギー・新陳代謝作用を活発にします。心的には、自己実現性・自己意識を高め、しっかり現実の大地に根を下ろしながら、誇り高く、自己の限界を越えて天翔ける大いなる心意気をもたせてくれる石であると高く評価されております。

[91]

トゥルコイス（トルコ石）

TURCHOIS

トゥルコイスは、青色で明るく輝く色の石である。外観はまた、ミルクが青色を貫いて自分で表面に出たかのようである。言い伝えによると、この石は視力を守り、これを身につけた人を不慮の事故から守ってくれる。

本文原本にあるラテン語 flavi, flavum は筆写の間違いで、ともに中世後期ラテン語（ロマンス語）の blavi, blavum と読んで訳しました。flavum（黄色の、金色の）を blavum（青色の）と読まないと、青色のトルコ石には全く合わないからで、こういう f《フ》 と b《ブ》 のように似た文字・発音のものには、とかく移動がおこりがちなことです。

それはそうと、この石の名は確かにトルコ石ですが、現実のトルコの国には古今を通じてこの石の産出はなく、ペルシアとかシナイ半島原産のものが、トルコ経由（トルコ人の隊商によって運ばれた場合も含めて）でヨーロッパに運ばれたことからついた命名です。が、この石はとにかく紀元前三〇〇〇年には知られていた宝石で、黄金色とよく調和する装身具・守り石として、勇気・幸運を与えるものとして珍重されてきました。トルコ石は、伝承によると、迫りくる危険をその色の変化によって携帯者に知らせることでも知られています。

この石は、やはり太陽神経叢の部位につけるとよく、肉体的には、リウマチ・痛風・ウィールス感染によく効き、筋力・脳・感覚器官の働きを高め、一般に鎮痛にもよいようですが、心的には、運命の原因を熟知させ、外部からの影響の感知に役立ち、精神的平静さや直観力促進に効能を発揮することが確かめられてきました。

■Vで始まる石（3種）■

[92] ウァラク VARACH

ウァラクは、龍の血といわれるが、アリストテレスによると、これは石である。しかしある医者たちは、これはある薬草の液汁であるという。が、アリストテレスの言うことは、その粉末の様子からして正しいことがわかる。というのも、その表面が光っており、砕かれた石のようにでこぼこになっているからである。色は非常に赤い。体液の流出、とくに出血に効力がある。アルガラ（アマルガム）は、ウァラクと水銀からつくられる。

「龍の血」云々の箇所は、やはりどうみてもプリニウス『博物誌』第三三巻・一一六節の叙述と関連しています。象と大蛇との戦いで流された両者の血のかたまりに、ギリシア人が命名した名、という紹介ですが、この赤土の顔料は結局、赤みがかった ochre《オウカ》（黄土）か、あるいは cinnabar《シナバール》（辰砂、赤色硫化水銀）であることは間違いありません。

[93] ウェルニクス　VERNIX

ウェルニクスはまた、アルメニアの石とも呼ばれている。この石は青白い色である。そして憂鬱症とか、脾臓・肝臓の病気とか、心臓の病気に対して、非常に確実な効果がある。

この石は、さきに見たラマイ（Rで始まる石［78］Ramai《ラマイ》）と同じものかもしれません。

［94］

ウィリテス（黄鉄鉱）　▼I-33

VIRITES

ウィリテスは、われわれがすでにペリリテスと呼んだ宝石（［73］ペリテのことか）である。その色は、すでに述べたように輝いている。それは、優しく注意して触《さわ》らなくてはならない。そうでないと、この石は触った人の手を火傷《やけど》させる。というのも、夜に輝いている動物（おそらく夜行性クラゲ）がときどきその手（触手）を火傷するからで、私は自分自身がそれをしばしば試して見てきたものである。

このウィリテス石（Virites《ウィリーテース》）は、第I部で見たようにPyrites《ピュリーテース》（＝Pirites《ピリーテース》「黄鉄鉱」）の訛ったもの、つまり最初のPをVと訛ったものか、ペリリテス（ペリテ）の色とされる緑（viridis）のVにつられたものか、いずれにしても当該箇所を参照してくださるように。その際、第I部本文中にPrincipen apii《プリンキペンアピイー》、つまりapium《アピウム》（セロリの→apii）の主なる色（黄緑色）とあったことを説明しないまま先を急ぎましたが、ここで断っておきます。どういう関連で第I部にわざわざセロリが出てきたのか、色の説明としては腑に落ちないところもあるにはあるのですが。

■Zで始まる石（2種）■

［95］ゼメク ZEMECH

ゼメクはラクスリ（ラピス・ラズリ）とも呼ばれる石である。石は、小さい黄金色の斑点をもった薄い青色をしている。アズリウム（↓英語ではazure《エイザー》「青色、青色の顔料」）はこの石からつくられる。この石（粉末状にしたもの）を服用すると、憂鬱症や四日熱（マラリア熱の一種）や、黒胆汁の蒸気によってひきおこされる失神に対して非常に確実な効き目がある。

ラピス・ラズリが古代ではサファイアのことだったという事実は、すでに［79］「サフィルス（サファイア）」項目のところで触れましたし、語源のこともそれ以前に述べてきたと思いますので、ここでは主として、例のM・ギーンガーの宝石療法的叙述から要約したものを紹介します。

この石は、瞑想の際に額《ひたい》の上につけるとよく、またはできるだけ首に密着してつけるのがよいとされています。精神的には、賢明さや誠実・公正さを与え、内面的な固有の真実を啓示してくれます。

また古くから、友好・親善の石としても評価されてきました。自己意識をしっかりもった気品・品位ある人格をいっそう高めるように役立つ石としても愛されてきました。肉体的には、首・咽頭・声帯の患いを治し、抑えられた怒りのを鎮め、さらに血圧や甲状腺機能を正常に調節し、月経のサイクルを正す、といった作用をもたらしてくれます。

以上、例によって石のもつ効能のことを云々《うんぬん》してきましたが、何度も言っていますように、私どもはすべて、宇宙の気を受け、鉱物界・植物界・動物界の気を受けて、肉体（英語でbody《ボディ》）、心（mind《マインド》「主としてmental《メンタル》つまり知的な面」）、精神（soulまたはspirit「soul〈魂〉は主としてemotionalつまり精神的・心霊的な面」）がそれぞれ時々刻々と働いております。しかし、心身それぞれのセンサーのアンテナがそれらの波動をよく受けられるようになっていないと、気は内《うち》深く入ってこないわけです。いつかも言いましたように、「人、心あれば、石また心あり」という、石に向かって語りかける自然な気持ちがなければ、健全な気を心身の奥深くに美しく調和的に共鳴させることはできないと思います。私自身が肝に銘じて繰り返させていただきたい事柄です。

〔96〕ジグリテス　ZIGRITES

ジグリテスはガラスの色をした石である。さらに別名ではエヴァクスと呼ばれている。首に下げると、出血を止め、精神病を追い出す。

ジグリテス（Zigrites）は当時、Zignites《ジグニテス》とも、Zingnites《ジングニテス》, Zegnites《ゼグニテス》とも呼ばれ、古くは lignites《リグニテス》（＝lychnites《リュクニテス》）、ignites《イグニテス》（上記それぞれ、lychnites《リュクニテス》←ギリシア語 lychnos《リュクノス》「ランプ」、ignites《イグニテス》（←ラテン語 ignis《イグニス》「火」）とも考えられ、同定しにくい石であります。それはともあれ、ジグリテスの別名「エウァクス」、つまり evax とも呼ばれ、その中世ラテン語からきた古フランス語の euage《ユワージュ》 または ewus《ユウス》 からすると、これらは「水のような」の意味をもっており、結局これは coloris vitri《コローリスウィトリー》（ガラスのような色）をつづめた読み（isvi → evus → evax）になったのだ、と説く向きがあることを指摘しておきましょう。

＊

以上、実際には別種であったり重複したりする石がいくつかあったにしても、とにかく全九六種を紹介し終えて、アルベルトゥス・マグヌスは最後を次のような言葉で締めくくっています――

石（の種類）について個別に語られた事柄は以上で十分であるとしよう。というのも、もし任意の石の効能について個別的に述べることを望むのであれば、われわれは本書の制限を越えてしまうであろうから。つまり、最初に述べたように、もし誰かが実見したいのであれば、その人は、何の効果すらもたないような石を何一つ発見することはほとんどないであろう。しかし、以上に述べられた事柄によって、すべてを判断することは明らかに可能である。

おわりに

自然の中に遊ぶ思いで、みなさんとともにしばしば鉱物の自然精気に触れてみるのだと口では言ってみたものの、アルベルトゥス・マグヌスの自然探究の叙述は、実際に読んでみていかがでしょうか。古代~中世の鉱物信仰からすれば、「植物の中に宿る力は大きい。しかし石に宿る力は、それにもまして遥かに大きい」はずですし、ストーンセラピー（鉱物療法）がいろんな形で（例えば鉱泉・温泉療法も含めて）今後ますます着目されることが必定と考え、私は、ここに執筆したわけです。この雑駁《ざっぱく》にみえる世の中に、清貧に甘んじ、誠実にこつこつと鉱物や植物や動物の生態研究に精出している心身ともに健全な方々《かたがた》が何人もいらっしゃることを知っていますが、私どもは私どもで中世キリスト教社会のいわゆる「大神学者・自然哲学者」アルベルトゥス・マグヌスの心を心とし、この無味乾燥とも思える鉱物書を、とにかく最後の九六番目まで丹念に読んできました。また、いつかも言いましたように、「人、心あれば、石また心あり」という心境で石に接していけば、石からも精気を得て健康な心（→健康な身体）になる功徳があるにちがいないと私は確信しております。

編者あとがき

著者の大槻真一郎先生は、二〇一六年一月一日に他界されました。その遺稿を整理し編集したのが本書です。本書の元となった記事は、国際自然医学会の機関誌『森下自然医学』に、「鉱物のスピリットと宇宙意思──鉱物の中に宿る神秘的秘密」のタイトルで一九九七年一月から毎月、一七回にわたって連載されました。宝石・鉱物の連載自体は、それ以前の一九九四年一月から開始され、全部で五三回を数えました。

五年ほど続いたこの連載は、宝石ごとに古典を引用して紹介するのではなく、宝石・鉱物誌の古典を読者と共に講読するというやり方で進められ、さながら授業に参加しているような臨場感がありました。そこで取りあげたテキストは、プリニウス『博物誌』の鉱物の部分、オルフェウスの『リティカ』、マルボドゥスの『石について』から（以上は『中世宝石賛歌と錬金術』としてコスモス・ライブラリーから刊行）、ヒルデガルトの「宝石論」（同じく『ヒルデガルトの宝石論』として刊行）、偽アリストテレスの『鉱物書』と続き（『アラビアの鉱物書』として刊行）、そして最後が、本書に見られるようにアルベルトゥス・マグヌスの『鉱物書』と偽書の『秘密の書』でした。

これらテキストの中で最も学問的に記述されたのが、アルベルトゥス・マグヌスの『鉱物書』です。

それゆえその記述の仕方は単調で、多くの項目が羅列されているにすぎません。機械的に並んでいる各項目を、強い関心を持ちながら前から一つずつ読み続けることは、なかなか難しいと思います。それを本書では、近づきがたい中世宝石誌の世界に一般の読者を誘い、前から順番に読んでいきましょうというのです。

本書を終えるに当たって著者は、「アルベルトゥス・マグヌスの自然探究の叙述は、実際に読んでみていかがでしょうか」と読者にたずね、「この無味乾燥とも思える鉱物書を、とにかく最後の九六番目まで丹念に読んできました」と控え目に述べていますが、実際に読んでみると、読者を飽きさせない工夫が随所になされており、楽しく読み進めることができるでしょう。それが本書の特徴の一つとなっています。

具体的に言えば、煩雑になりがちな語源の探索と同定の作業を楽しんでもらえるよう配慮されている、ということです。一つの言葉が変化しながらテキストからテキストへと受け継がれてゆく様を見ることができます。著者は二冊の大部な語源辞典(同学社刊行の『科学用語語源辞典:独-日-英・ラテン語篇』と『同・ギリシア語篇』)を執筆していますから、自説を展開する場合は努めて慎重に説明します。同定の作業においても、アルベルトゥス以前の宝石・鉱物誌の記述(産出地、色や形、癒しの力などの記述)と比較しながら丁寧に検討します。こうした書き方は、博物誌においてしばしば注目される奇想天外な文学的関心とは違った、著者ならではの古典文献学者らしい一面があらわれていると思われます。その一方で、そうした文献学者的な一面が色濃く出ているにもかかわらず、論述の仕方はきわめて平明で、やさしく語りかけるように書かれている、といえます。これは、連載されていた機関誌(自然医学会編『森下自然医学』）の性格からして当然です。その機関誌は、専門的な研究のみならず、とりわけ現代医学に頼らない、養生法を中心とする自然療法を実践するために刊行されている雑誌であり、したがって多くの読者は患者をはじめとする一般の人々だからです。

そして本書の最大の特徴ともいえるのが、第Ⅰ部と第Ⅱ部に分けられ、アルベルトゥス本人が書いた『鉱物書』の前に偽書の『秘密の書』が置かれた、ということです。つまり、一般に流布した魔術師アルベルトゥス・マグヌスのイメージと、経験を重視する科学者としてのイメージを対比させることによって、第Ⅱ部のテキストだけでは読み取りにくいアルベルトゥス自身の自然探究の精神を際立たせている、ということです。キリスト教の伝統の中で自然探究における経験（実験と観察）の重要性を認めた最初の一人であったことがうかがえます。

なお『鉱物書』については、本書のもとになった連載の約七年後、二〇〇四年に全訳が刊行されています（沓掛俊夫訳『アルベルトゥス・マグヌス鉱物論』朝倉書店）ので、全体の構成などについては、こちらもご参照ください。

また『秘密の書』について蛇足を加えておきますと、このあと、とりわけ一七世紀以降には、アルベルトゥスの名を冠した魔術書がさまざま刊行されますが、アルベルトゥスの真筆でないとはいえ、本書でとりあげたこの『秘密の書』が、それらとは一線を画す内容の書物であったことは、強調しておきたいと思います。植物篇、鉱物篇、動物篇、天体篇、世界の驚異について、という五部構成からなり、ある意味、博物誌のダイジェスト版のような内容です。本書の第Ⅰ部では、このうちの第二篇を扱っているわけです。

＊

本書の編集の方針について。連載時の雰囲気をそのまま伝えるためには修正を最小限にとどめる必要がありますが、多くの読者の手に取ってもらえるように、内容の流れを調整し編集しました。具体的に言うと、第一には、同じ話題が繰り返されていれば、それを削りました。連載雑誌は月刊でしたので、その読者であれば同じ話題が繰り返されても、一ヶ月もしくは数か月の間があるために違和感なく読めますが、一冊にまとめられると冗長さを感じてしまいます。第二に、話題から大きく脱線した部分も削除しました。例えば、著者は、執筆に当たって手伝ってもらった人、執筆時に新刊を出した若い書き手などを紹介することがよくありました。当時若かった私も紹介された一人で、そのままにしておくのは気恥ずかしく（おそらく他の人も同じであろうと思います）、また、通読する読者にとっては煩わしく感じられると思うので、そうした部分は削りました。第三に、過去の連載の内容に触れておられる場合は、冒頭で紹介したとおり、『中世宝石賛歌と錬金術』をはじめ、ほとんどが書籍化されていますので、それぞれ書名を補うようにしました。そして第四に、連載記事の紙幅の関係で話題が途中で切れて流れが不自然になってしまう場合、その不自然さを取り除きました。また、欧文単語の読み仮名は正確を期すように振られ、本文では同じ単語でもしばしば長音符号が省かれていますが、その場合、表記の統一はしませんでした。

出版の経緯についても述べておきます。先生の遺稿の整理が一段落ついたとき、八坂書房さんに相談しました。博物学の分野では老舗の出版社である、という理由からだけでなく、かつて著者が共訳者・責任編集者として八坂書房さんから『テオフラストス植物誌』（一九八八年）と『プリニウス博物誌〔植物篇〕〔植物薬剤篇〕』（一九九四年）を刊行していたからです。「植物薬剤篇」では、私自身も訳者として参加し、その索引づくりを手伝ったことがあります。なお八坂書房さんからは、本書のほかにもう一冊、植物誌関係の遺稿をまとめた姉妹篇を刊行していただく予定です。

＊

本書が刊行されるまでに多くの方々のご協力をいただきました。国際自然医学会の森下敬一会長には、記事転載を快諾していただきました。そして先生の原稿がこのように日の目を見たのは、八坂書房・八坂立人社長、編集の八尾睦己さんのおかげです。八尾さんからは、元原稿になかった図版の挿入をご提案いただき、よりすばらしい本に仕上がりました。また、岸本良彦先生（明治薬科大学名誉教授）、坂本正徳先生（明治薬科大学元学長）、大槻マミ太郎先生（自治医科大学教授）、そして大槻真一郎先生を慕う多くの方々からご支援のお言葉を頂戴いたしました。この場を借りてお礼を申し上げたいと思います。

二〇一八年八月二日

澤元　亙

索引

（★印は関連図版のある頁を示す。）

【ア】

アインシュタイン, A.　152, 170
アヴィケンナ　43, 80, 108, 186, 203
アウグストゥス（オクタヴィアヌス・アウグストゥス）　236
アウリピグメントゥム　178
アエティテス（鷲石）　82
亜鉛　116
アカテス（メノウ）　42, 43, 108, 109, 126
アガテス（メノウ）　42, 99, 107, 108
アガトダイモーン　159
アクァ種（ヒュアキントゥス）　198
アクアマリン　123
アクィレウス（エキテス）　166
悪魔　52, 68, 151, 158, 159, 161, 184
悪夢　40, 104, 147, 213, 240
悪霊　159, 161
アスベスト　37
アスベストゥス　113
アスベストス（アスベスト）　37, 38★, 39, 101, 203
アズリウム　267
アダマス（ダイアモンドその他）　39-42, 99, 103-106, 113, 115, 116, 129, 158, 187, 211, 213
新しいエルサレム　59
アトラメントゥム（黒色硫酸塩）　218
穴グマ（の脚の骨）　94
アーノルド（サクソンの／→アルノルドゥス）183
アプシントゥス　99, 103, 106
アベストン（アスベスト）　37, 99, 101, 106, 107, 113, 203
アボガドロ定数　195, 196
アポロン　126
アマンディヌス　46, 99, 113
アミアントゥス　47, 113
アムーン（神）　81
アメジスト（アメテュストゥス、紫水晶）　47, 114, 129
アメテュストゥス（アメジスト、紫水晶）　47, 99, 114, 129
アモン（神）　124
嵐　51, 52, 173
アラバスター（ニコマル、雪花石膏）　70, 222
アラバストルム　222
アラバンダ　110
アラバンディナ（アラマンディナ）　99, 110
『アラビアの鉱物書』　25, 106, 116, 154, 256
霰　142, 173
蟻／アリ　71, 72, 241
アリストテレス　17, 48, 100, 117, 125, 126, 128, 130, 150, 157, 159, 168, 190, 191, 201, 213, 237, 264
偽アリストテレス　116
アルキデス（→ヘラクレス）　62, 186
アルコラート（→ヒポクラテス）　83, 84
アルセニクム（砒素石）　69, 178, 258
アルセニクム・アルブム　182
アルノルドゥス（アーノルド、サクソンの）　158, 160, 183
アルマンダイト（アルマンダイン）　110
アルメニアの石（→ウェルニクス）　265
アレクサンドロス大王　237
アレクテリウス（雄鶏石）　99, 111, 240
アレクトリア（雄鶏石）　44, 45★, 46, 72, 241
アロパシー療法　181
アーロン　36, 48, 49, 50, 63, 67, 79, 89, 114, 197, 202
アントラクス　127
アンドロマンタ　99, 115, 116
アンモナイト　81, 165
アンモーン（神）　81

イアキントゥス　191
イアスピス（ジャスパー、碧玉）108, 203, 204, 236, 239
硫黄（錬金術の）　178
イカ（の化石）　135
雷石《いかずちいし》（ケラウルム）　134, 135
イシドルス（セヴィリアの）64, 150, 202, 249, 260
『石について』（テオフラストス）　209, 238, 246
イスクストス（→スキストス）　66, 202, 203
イスクルトス（→スキストス）　64, 65★
胃腸障害　184
胃痛　155, 209, 217
イナゴ　173
イヌハッカ　236
イリス（虹石、虹色水晶、透明石膏）77, 78, 200, 201

隕石　135

ウァラク　264
ウィリアム（ウィレム）2世（ホラント伯）　23
ウィリテス（黄鉄鉱）　73, 74, 235, 266
ウェルニクス　265
ウニの化石　141

エウァクス（→ジグリテス）　268, 269
エヴァクス（→ダミゲロン）43, 61, 67, 79, 89, 108, 113, 127, 137, 186, 197, 200
エキテス（鷲石）　166, 234
エクサコリトゥス　175
エクサコンタリトゥス（六〇色石）　176, 177
エティンドロス（含水石）　174
エニドロス（エティンドロス）　174
エネルギー精気　94, 192-196
エピストリテス（ヘファイストス石）　173
エフェソス　110
エマティテス（ヘマタイト、赤鉄鉱）　171
エメラルド（スマラグドゥス）　27, 54, 75, 77, 109, 114, 118, 123, 129, 168, 204, 219, 236, 255, 256
エリオトロピア（血石、血玉髄）　168-170
エリキアム　258
エレクトリウス　44
エレクトロン　258
エロディアリス（エキテス）　166
エンテレケイア　130

黄玉（トパーズ、トパシオン、トパゾス）　29, 32, 199, 261
黄金　32, 154
『黄金の卓の象徴』（マイアー）　22★, 23
黄疸　209, 220
黄鉄鉱（ウィリテス）　30, 34, 41, 58, 73-75, 216, 247, 266
黄土　243, 265
黄銅鉱　35
大蛇（ドラコーン／ピュートー）　81, 163
オオヤマネコ　208, 209
大山猫石（リグリウス）　208
オクスフォード版（『鉱物書』英訳版）　96, 124
オクスフォード版（『秘密の書』英訳版）15, 23, 30, 36, 40, 58, 64, 71, 72, 96
オケアノス　95
雄ヤギ　104, 105
オニュカ　226
オニュキティス　207
オニュキヌス　226
オニュクス（縞メノウ）27, 28, 206, 222, 224-227, 251
オニュクルス　226
オパール（オフタルムス）　26, 62, 145, 177, 228, 229, 233, 254
オフタルミア（眼病）　227
オプタルミクス　26
オフタルムス（オパール）　26, 177, 227
オリィビン（橄欖石）　29, 30, 68
オリステス　230
オリテス　86, 230
オリーブ油　86
オルファヌス　231, 232★［口絵2］
オルフェウス宝石賛歌（→『リティカ』）　36, 43, 79, 108, 204
雄鶏　44, 46, 71, 72, 111, 112, 241
　去勢された——　44, 112
雄鶏石（アレクトリア、アレクテリウス）　44, 72, 111, 227, 240, 241

【カ】

貝　139, 140
疥癬　60, 154, 188
潰瘍　171
ガエアニス（→ペラニテス）　234
蛙（→ヒキガエル）　119, 121
カオス　109
ガガテス（黒玉）　62, 67, 79, 80, 184, 205
ガガトロニカ　62, 186
ガガトロメウス　62, 186
カカブレ　80, 184, 205, 206
カカブレス（カブラテス）　205, 206
カカマン　206, 207
鏡石　257
カキ（牡蠣）　216, 217
角閃石　64
火成岩　133
蝸牛　31, 50
蝸牛石　32
ガデス（カティス）　64, 202
カドミア（異極鉱、酸化亜鉛）　207
ガーネット（グラナトゥス、ザクロ石）　110, 111, 190, 191
カーネリアン（コルネレウス、紅玉髄）　142, 143
カーバンクル　64, 66, 111
カブトムシ　72
カブラテス（黒玉）　66, 67, 206
ガマ石（ボラクス）　119, 163, 223
雷　134, 135, 142
亀／カメ　31, 32, 139, 140, 253
亀石（ケロニテス）　32, 50, 139

カメオ　28, 108, 124, 125★, 126, 207
カラジア（雹石）　78, 79
カラジオス（カラジア）　79
ガラス　214, 257, 258
ガラス職人　214
カラーセラピー（→色彩療法）　201
ガラリキデス（乳石）　188
ガラリクティデス　188
カルカファノス　133
カルケドニウス（カルセドニー、玉髄）　58, 59, 129, 131
カルシウム　39
カルセドニー（カルケドニウス、玉髄）　55, 58-60, 131, 132, 145, 146, 174, 255
カルタゴ　59, 132
カルタゴ石（カルケドニア）　59, 131
カルブンクルス（紅玉）　66, 117, 118, 126-129, 190, 191, 202, 208
——の雌石（＝バラギウス）　117
白い——　202
岩塩　193
『感覚論』（アリストテレス）　201
含水石（エティンドロス）　174
肝臓　44, 123, 147, 229, 257, 265
姦通　213
橄欖石（ペリドニウス，ペリドット）　28, 29, 235, 262

気管支炎　29, 68, 235
貴橄欖石（クリュソリトゥス、クリソライト）　67, 144, 149, 154, 183, 262
『気象論』（アリストテレス）　159, 202
黄水晶　30
キタラ　126
キプロス（島）　39, 41, 54, 104
キモロスの土　243
逆境　42, 46, 59, 87, 108
キャッツアイ　64, 254
『旧約聖書』　36, 48, 109, 204
玉髄（カルケドニウス、カルセドニー）　28, 42, 55, 58, 129, 131, 143, 145, 174, 255
去勢　44, 112
キリスト　46, 55, 61
ギルバート，W.　25
金（→黄金）　67, 68, 104, 105, 149, 150
銀　85, 104, 105, 116, 179, 204
ギーンガー，M.　132, 145, 148, 151, 172, 191, 204, 205, 225, 252, 256, 262, 267
金細工師　123
クァンドロス　239
クィリティア　70, 71, 240
クサノオウ　93
孔雀石（メロキテス、マラカイト）　219
クラゲ（夜行性の）　266
グラナトゥス（ガーネット、ザクロ石）　118, 128, 129, 190, 191
クラポディナ　119, 121
クリスタル（クリュスタルス、水晶）　53, 78, 103, 105, 111, 134, 135, 150-153, 174, 204, 205
クリソプレーズ　→クリュソパスス
クリソライト（クリュソリトゥス、貴橄欖石）　29, 30, 67, 262
グリフォン／グリフィン　75, 77, 255
グリム童話　121
クリュスタルス（クリスタル、水晶）　53, 150
クリュセレクトルム　154, 155
クリュソパギオン　155-157
クリュソパスス（クリュソプラスス、緑玉髄）143, 144
クリュソプラスス（クリュソパスス、緑玉髄）143-148, 151, 204
クリュソランピス　157
クリュソリトゥス（クリソライト、貴橄欖石）　67, 68, 143, 144, 149, 150, 153-155, 183, 235, 262
クレタ島　43, 107, 108
黒チドリ　71

鶏冠石　179-181
珪酸塩　39
形相　125, 126, 130
ケゴリテス（ゲコリトゥス）　141, 189
ゲコリトゥス（ケゴリテス）　189
血玉髄（エリオトロピア、ヘリオトロピウム、血石）　54, 168
穴居族　176
月桂樹　26
結石　40, 104, 105, 189
月長石　140, 254
ゲーテ，J. W. v.　106, 161, 201
ケラウニア　134
ケラウニウス　134, 135
ケラウルム（雷石）　134
ゲラキテス／ゲラキデム（ヒエラキテス、鷹石）　69, 189
下痢　80, 152, 209, 217, 242, 243
ケリドニア草（ツバメ草）　137, 138
ケリドニウス（燕石）　60, 136★, 137
ケルン　23, 96, 166
ゲロシア（雹石）　187

ケロニテス（亀石）　50, 51, 140
ケロンテス（亀石）　139
『元素と惑星の特性の原因について』（アルベルトゥス・マグヌス）　151

コイトゥス（性的交合）　25
紅玉（カルブンクルス）　27, 66, 127
紅玉髄（サルディウス）　110, 142, 143, 250
降神術者　168
洪水　51
鋼鉄　39, 104
『鉱物書』（アルベルトゥス・マグヌス）　5, 18, 28, 32, 48, 49, 51, 55, 69, 77, 83, 92★, 96, 97★, 98★, 99, 100,158, 159, 196, 201, 207, 212★, 213, 216, 218, 221, 244★, 245, 250, 270
『鉱物書』（偽アリストテレス）　116
鉱物療法（→宝石療法）　270
紅榴石　135
黒玉（ガガテス）　79, 80, 184, 185
黒玉（カブラテス）　66, 67
黒胆汁（質）　60, 74, 131, 184, 217, 225, 255, 267
孤児（オルファヌス）　231
コスタ・ベン・ルカ（クスタ・イブン・ルカ）138
コハク（スエティヌス石、スッキヌス）　80, 116, 154, 155, 185, 258, 259
護符　25, 68
コラルス（サンゴ）　51, 52, 141
コランダム　41, 60, 66, 114, 118, 199, 246
コルネオラ　143
コルネレウス（カーネリアン、紅玉髄）　142, 143
金剛砂　60
コンスタンティヌス（・アフリカヌス）　26, 128, 137, 190, 242

【サ】

サルダ（サグダ）　249-251
ザクロ　190
ザクロ石（グラナトゥス、ガーネット）　110, 111, 190, 191
サソリ　79, 109
サードオニキス　→サルドニュクス
サピルス（サファイア）　87
サファイア（サピルス、サフィルス）　85-88, 114, 118, 129, 199, 227, 231, 245-247, 267
サファイア種（ヒュアキントゥス）　85, 198, 199
サフィルス（サファイア）　129, 245, 247, 267
サミウス（サルミウス）　88, 252
サメの歯（の化石）　135
サモス島　88
サモスの土　243, 253
サラマンダー　37, 101, 102, 202
サラマンダーの羽毛／柔毛　101, 102, 202
サルコファグス　248
サルダ（サグダ）　249, 250
サルディウス（紅玉髄）　110, 225, 250, 251
サルドニュクス（紅縞メノウ）　251, 252
サルドニュケム　251
サルミウス（サミウス）　252
『サレルノ養生訓とヒポクラテス』　138
三原質（硫黄・水銀・塩）　221
サンゴ（コラルス）　43, 51, 52, 107, 141, 142

色彩療法　115, 159
『色彩論』（ゲーテ）　201
ジグリテス　268, 269
四元素／四大元素　130, 221
痔疾　34, 243
磁石（マグネス、マグネット）　25, 104, 211, 249, 259
磁性銅鉱鉄　116
質料　125, 126, 130
磁鉄鉱　25, 41, 87, 106, 230
シデリディス　87
自動人形　20, 21★
シネリス　131
ジブラルタル海峡　66
縞メノウ（オニュクス）　27, 108, 124, 206, 224, 227
縞メノウ大理石　223
嗜眠　60, 61
『尺度について』（コンスタンティヌス）　242
ジャスパー（イアスピス、碧玉）　108, 203, 236, 254
ジャミー→　ヤンミー
十字軍　111
「出エジプト記」　36, 204
出血　52, 142, 169, 204, 217, 243, 265, 268
出産　88, 188, 204, 253
呪文　48, 55, 169, 213, 240
シュルス　260
ジョヴィウス（パオロ・ジョヴィオ）　20
昇華　178, 179
処女（を試す）　80, 185
シリテス　246
シリネス　59
磁硫鉄鉱　116
ジルコン　118, 199
シルティテス　246, 247
シレニテス　253

辰砂　142, 180, 265
真珠（マルガリータ）　51, 52, 109, 139, 140, 216, 217
神聖ローマ帝国の王冠　231, 232★［口絵 2］
心臓 41, 42, 83, 93, 121, 173, 229, 236, 240, 257, 265
腎臓　141, 189, 208, 218
人造人間　20
真鍮　116
陣痛　88, 185
『新約聖書』　59, 132

水銀　104, 105, 221, 265
　錬金術的——　105, 221
水腫（症）　67, 80, 184, 204, 205, 213
水晶（クリュスタルス、クリスタル）　30, 53, 77, 78,
　　150, 153, 204
スウェーデンボルク, E.　146
スエティヌス（スッキヌス、コハク）　185, 258, 259
スキストス　64, 65★, 66, 203
スッキヌス（スエティヌス、コハク）　258, 259
スックス　258
スピネル（尖晶石）　118
スピリトゥス（揮発性の精）　178
スペクラリス　257, 258
スマラグドゥス（エメラルド、その他の緑石）　27,
　　75, 76★, 77, 109, 129, 168, 219, 236, 255, 256
スマラグドス（スマラグドゥス）　238

石英　48, 64, 78
石英結晶（体）　53, 206
赤色硫化水銀（辰砂）　265
石炭　25, 107
赤鉄鉱（エマティテス、ヘマタイト）　66, 171, 172
セセリ　104
石灰石　28, 170
雪花石膏（ニコマル、アラバスター）　70, 222
石膏　32, 70, 201, 257
ゼメク　246, 267
セリナイト（セレナイト）　78
セレナイト（シレニテス）　253, 254
セレニテス（セレナイト、月石）　31, 32
セロリ　266
尖晶石　118
占星術（家）　20, 140, 249
蟾酥《せんそ》　122
喘息　68, 149, 180-182
疝痛　175, 176

訴訟（に打ち勝つ）　58, 59, 93, 122, 131, 134, 135
ソリヌス　174, 175
ゾロアスター　52

【タ】

ダイアモンド（アダマス）　39, 78, 103-105, 114
『大自然科学史』（ダンネマン）　17
大地母神　109
ダイモーン　158, 159
太陽 53-56, 77, 78, 129, 149, 150, 168, 169, 173, 201,
　　233, 262
大理石　28, 70, 222
ダエモンの石　158
鷹　69, 179
鷹石（ゲラキデム、ゲラキテス、ヒエラキテス）69,
　　190
鷹石（ファルコネス）　178, 179
タゲリ鳥　71
卵　83, 157, 166, 167
『魂について』（アリストテレス）　156, 157
ダミゲロン（→エヴァクス）　43, 233, 254
炭酸カルシウム　52
炭酸水　170
炭酸マグネシウム　52, 215
胆石　40
ダンネマン, F.　17
蛋白石　229

血　39-41, 51, 52, 54-56, 104, 105, 107, 168, 169,
　　171, 223, 238, 240, 242, 264, 265
　　（雄）ヤギの——　51, 52, 104, 105
血石（エリオトロピア、血玉髄）　168
血石（ブルートシュタイン）　172
近山晶　29, 110
乳　53, 188
膣座薬　184
『中世宝石賛歌と錬金術』　28, 126, 186
『著名人伝』（ジョヴィウス）　20

痛風　35, 146, 218, 264
月　31, 50, 60, 78, 129, 132, 140, 253, 254
月の石　31, 254
燕／ツバメ　60, 137
燕石（ケリドニウス）　60, 137
ツバメ草／ツバメハーブ（クサノオウ）　61, 93, 94,
　　138
鶴　166, 167

ディアコドス　160
ディアドコス　160, 161
ディアマス　40-42
ディアマント　104, 106, 158
ディアモン　158
ディオクレス　209

ディオスコリデス　88, 138, 180-182, 242, 243, 246
ディオニシア（デュオニュシア）　162
ディオニュソス　162
貞節（を試す）　25, 185, 213
テオフラストス　209, 238
テコリトゥス　141
鉄　39, 104, 116, 211, 259
哲学者の石　23
鉄礬　110
テビト・ベン・コラート　160, 162
デュオニュシア（ディオニシア）　162
癲癇　61, 82, 137, 142, 166
天体　17
『天体・気象論』（アルベルトゥス・マグヌス）102

銅　116, 178, 179
銅鉱脈　256
陶土　243
『動物誌』（アリストテレス）　168
『動物論』（アルベルトゥス・マグヌス）　102, 112, 168, 240
透明石膏（イリス、虹石、虹色水晶）　77, 78, 200
トゥラコニテス（トゥログロディテス）　211
トゥルコイス（トルコ石）　263
ドナティデス　71, 72, 241
トパシオン（トパーズ、黄玉）　184, 216, 235, 261, 262
トパーズ（トパシオン、トパゾス、黄玉）　29, 30, 32, 68, 184, 199, 261, 262
トパゾス（トパーズ、黄玉）　32, 33★, 262
トマス（カンタンプレの／ブラバントの）119, 158, 160, 259
トマス・アクィナス　20, 22★, 23
ドミニコ会　20, 119, 137
ドラコニテス（蛇石）　81, 163, 164★, 165
ドラコーン（大蛇）　81
トラの目（タイガーズアイ）　198
鳥占い師　240
トルコ石（トゥルコイス）　263, 264
トルマリン　116, 118
トレウェス（トリーア）　200
トログロディテス（穴居族）　176, 177
ドロマイト（白雲石）　36

【ナ】

ナサモネス族　132
鉛　104-106
ニコマル（アラバスター、雪花石膏）　70, 222
虹　77, 78, 158, 161, 200, 201
虹石（イリス、虹色水晶、透明石膏）　77, 78, 159, 200
虹色水晶（イリス、虹石、透明石膏）　77, 200
虹の橋　77, 78
日食　54
ニトルム　220
乳香　184
乳石（ガラリキデス）　188
ニラ　143-145, 236, 237, 249, 250
妊娠　82, 83, 87, 148, 230, 234
——（石自身の）　234
ヌサエ　223, 224
盗人　213, 228
ネギ　236
ネコの目（キャッツアイ）　198
眠り　71, 134, 135
脳（ワシの）　94
喉の渇き　44, 108, 111

【ハ】

肺（の病）　31
ハイエナ　63, 64
ハイエナ石（ヒエナ、ヒュアエニア）　63, 64, 197
灰化　178, 179
ハイデルベルク　165
パイライト　74, 247
パエアニス（→ペラニテス）　234
ハエマティティス　171, 172
ハエマティテス（赤鉄鉱）　66
吐き気　123
白雲石（ドロマイト）　36
白鉄鉱　216
『博物誌』（プリニウス）　29, 40, 46, 47, 48, 52, 55, 59, 63, 66, 72, 77, 87, 107, 110, 116, 117, 121, 131, 133, 134, 141, 144, 154, 156, 159, 165, 170, 171, 174-176, 185, 188, 201, 203, 207, 209, 219, 222, 227, 233, 234, 237, 238, 246, 248-250, 253, 258, 259, 260, 262, 265
ハゲタカ　239
パセリ　104, 105
蜂蜜／ハチミツ　53, 151, 180, 189
ハチミツ酒　213
バビロン　54, 55
バビロンの宝石　54
バラ油　86, 230
バラウスティウス　190
バラキウス　129
バラギウス　117, 118, 128, 238
パラティウス（バラギウス）　117, 129

パリ　34
パール（マルガリータ，真珠）　217
パンテルス（豹石）　177, 233

ヒアシンス石（ヒュアキントゥス）　85, 86, 198
火打ち石　74
ヒエナ（ハイエナ石）　197
ヒエラキテス（ゲラキデム、ゲラキテス、鷹石）　69, 190
ヒキガエル　119, 121, 223, 224
ヒキガエル石（ガマ石）　119, 223
砒石／砒素石　69, 190
砒素　69, 179, 182, 258
砒素化合物　190
左（腕／肩／腋の下）　39, 41, 68, 81, 82, 104, 137-139
火蛋白石　231
羊　188
火とかげ（サラマンダー）　37, 39
皮膚病　60, 61, 154
ヒポクラテス　84, 88, 242
ヒマワリ　55
『秘密の書』（『アルベルトゥス・マグヌスの秘密の書』）　14★, 16★, 17, 23, 24★, 30, 32, 43, 48, 55, 58, 61, 75, 78, 89, 93, 96, 99, 100
ヒヤシンス石（風信子石）　59
ヒュアエニア（ハイエナ石）　63
ヒュアキントゥス（ヒアシンス石）　85, 118, 191, 198
ピュートー（大蛇）　81
ピュリーテース（黄鉄鉱）　34, 74, 75, 235, 266
豹　233
雹　78, 79, 84, 142
豹石（パンテルス）　233
雹石（カラジア）　78
雹石（ゲロシア）　187
氷結石（ゲロシア）　187
ヒルデガルト（フォン・ビンゲン）　145, 146, 152, 204
『ヒルデガルトの宝石論』　88, 145, 151, 161, 209, 247, 256
ピロタイト（磁硫鉄鉱）　116

『ファウスト』（ゲーテ）　106, 161
ファルコネス（鷹石）　178, 192
フィッシャー, E.　121
フィラクテリウム（魔除け石）　183
フェロモン　193, 194
腹痛　175
フジツボ　249
沸騰　32, 34, 56, 173
ブーテナント, A.　193
ブドウ酒　104, 105, 162, 175
プトレマイオス　125, 160, 162
プトレマイオス・カメオ　123-125★, 126, 128, 10
不妊　148, 204
ブフォトクシン　121, 122
普遍博士　17
プラシウス（→プラッシウス）　144, 237
プラッシウス（緑石英）　236-238
ブラッドストーン（→エリオトロピア／ヘリオトロピウム）　55, 56
プラトン　130
プランク, M.　152
フリードリヒ皇帝　213
プリニウス　26, 29, 32, 40, 41, 46-48, 52, 55, 58, 59, 63, 64, 66, 68, 69, 73, 77, 87, 107, 110, 116, 117, 121, 131, 133, 134, 138, 141, 144, 154, 155, 157, 159, 165, 169, 171, 174-176, 181, 182, 185, 188, 198, 201, 203, 207-210, 219, 222, 227, 228, 233, 234, 237, 238, 246-250, 253, 258-260, 262, 265
プリンキペン・アピイー　73, 74, 266
ブルー・コランダム　246
不冷石　107
プロフィリス　236

碧玉（イアスピス、ジャスパー）　108, 203, 236
ベーダ（・ウェネラビリス）　208
紅玉髄（コルネレウス、カーネリアン）　142
紅玉髄（サルディウス）　225
紅縞メノウ（サルドニュクス）　251
蛇／ヘビ　81, 163, 164, 237, 259
蛇石（ドラコニテス）　81, 163, 165
『ヘビの本性について』（アリストテレス）　237
ヘファイスティーテース　34
ヘファイストス（神）　34, 58, 173
ヘファイストス石（エピストリテス、ヘファエスティテス）　56, 58, 83, 84, 173
ヘファエスティテス（ヘファイストス石）　56, 57★, 58, 83
ヘマタイト（エマティテス、赤鉄鉱）　171
ヘラクレス　62, 64
ペラニテス　234
ヘリオトロピア（植物＝ヒマワリ）　169
ヘリオトロピウム（血玉髄）　54, 55, 58
ヘリオトロープ　→エリオトロピア／ヘリオトロピウム　204
ペリテ（ペリドニウス）　216, 235, 266
ペリドット（ペリドニウス、橄欖石）　28-30, 235, 262

ペリドニウス（ペリテ、ペリドット、橄欖石）28–30, 68, 74, 235, 262
ベリュルス（ベリル、緑柱石）49, 122, 129
ペリリテス　266
ベリル（ベリュルス、緑柱石）49, 59, 114, 122, 123, 129, 160, 161
ヘルクレス（ヘラクレス）　186
ヘルメス　36, 129, 130, 160, 162, 210
『ヘルメス文書』　36
弁論術　111

膀胱　104, 105, 141, 189
硼砂　121
豊穣　83
『宝石』（近山晶）　29, 110, 111
宝石医学　132
宝石賛歌（オルフェウス／→『リティカ』）　36, 43, 79, 108, 204
宝石賛歌／詩（マルボドゥス）　28, 41, 43, 59, 62, 78, 86, 107, 110, 112, 126, 133, 140, 144, 154, 156, 161, 177, 183, 237
宝石療法　115, 118, 145, 148, 205, 247, 252, 267
『宝石療法』（キーンガー）　172, 256
ホタル　156
蛍石　115
ホメオパシー（療法）　162, 163, 179, 182, 195, 196, 225
——・レメディ（薬剤）　192, 196
ボラクス（ガマ石）　119, 120★, 121, 163, 224
ボラクス（硼砂）　121
ボルス・アルメヌス　242
ボルス・ルブラ（赤いボルス土）　242［口絵6］

【マ】
マギ僧（古代ペルシアの）　32, 47, 48, 55, 63, 104, 169, 240
マグネサイト（菱苦土石）　215
マグネシア　25, 26, 214, 215
マグネス（マグネット、磁石）　25, 26, 211, 213, 214
マグネット（マグネス、磁石）　25, 211, 213, 214
魔術（師）　32, 48, 55, 63, 104, 160, 213
魔術書　204
マツ（ピヌス）　258
魔除け　111, 121
魔除け石（フィラクテリウム）　183
マラカイト（メロキテス、孔雀石）　219
マラリア熱　74, 75, 267
マリア（聖母）　20
マルカシータ　154, 215, 216
マルガリータ（真珠）　216, 217
マルボドゥス　28, 41, 43, 44, 49, 52, 59, 62, 68, 72, 78, 86, 107, 110, 112, 126, 133, 134, 140, 143–145, 154, 156, 157, 161, 169, 174, 175, 177, 183, 186, 191, 197, 199, 217, 228, 233, 237
マンガナイト　215
ミツバチの巣　200
明礬　47
ミロ（クロトンの）　46
無煙炭　107
ムーサ　126
胸当て（司祭長の）　109, 204
紫水晶（アメテュストゥス、アメジスト）　27, 30, 47, 48, 114
螟蛾　173
眼鏡　123
メディウス　34, 35, 218
メノウ（アカテス、アガテス）42, 43, 107–109, 125, 126
メランコリー　60, 74
メロキテス（マラカイト、孔雀石）　219
メロニテス　219
メンフィス　36
メンフィテス　36, 219
木炭　107
モグラ　93

【ヤ】
山羊／ヤギ（野生ヤギ、雄ヤギ）　39, 40, 104, 105, 186
『薬物誌』（ディオスコリデス）　138, 180, 243, 246
火傷　28, 29, 73, 180, 220, 223, 235, 243, 266
野獣（の誘導）　72, 73, 86, 104
ヤツガシラ　71, 240
ヤンミー（ピエール・ジャミー）　17
憂鬱症／状態（メランコリー）　74, 149, 225, 267
雄黄　179, 180, 258
雄弁　61, 67, 108, 137
ユダエアの石　202, 203
酔い　114, 162
予言／予知　31, 32, 46, 50, 63, 81, 113, 169, 197
四日熱　74, 75, 267
「ヨハネ黙示録」　59, 132

【ラ】
癩　180
ライオン　37, 46, 61, 75, 255
ラクスリ（ラピス・ラズリ）　267

ラダイム　71, 72, 241
ラピス・ラズリ（瑠璃）　74, 246, 247, 267
ラマイ　242, 265
リグリウス（大山猫石）　155, 185, 208, 209, 259
リッパレス　210
『リティカ』（オルフェウス宝石賛歌）　36, 43, 79, 108
リパレア　72, 73
龍（の血）　264, 265
硫化鉄　58, 74
硫酸　30
流産　82, 166, 217, 230
リュクニス　131
リュンクルム　259
猟犬　72, 210
菱鉄鉱　87, 230
緑玉髄（クリュソパスス、クリュソプラスス）143-145, 204
緑石英（プラッシウス）　144, 236
緑柱石（ベリュルス、ベリル）　49, 50, 59, 122
ルビー　114, 127, 199
ルビヌス　127, 128
ルブラ　259
瑠璃（ラピス・ラズリ）　74
レオナルド・ダ・ヴィンチ　109
レムノス土　243
錬金術（師）　20, 23, 36, 105, 178, 179, 216, 221
六〇色石（エクサコンタリトゥス）　176
ロジン（松脂）　180
ローソク　39
ロバ　149
論争／論戦　27, 93, 104

【ワ】

ワイコフ, D.　51, 96, 105, 113, 116, 124, 135, 206
ワイン（→ブドウ酒）　105, 231
惑星　17, 20
鷲／ワシ　75, 82, 94, 166, 167, 255
鷲石　82, 166, 167, 234

欧文索引

（鉱物名）

abeston　37, 101, 113
absinctos　107
absinthus　106
achates　42
achātēs　108
adamas　39-41, 103, 106, 158
aetites　82
agate　42, 108
agathes　42, 107, 108
alabandina　110
alabaster　70
alamandina　110
alecterius　111
alectoria　44
alectorius　44
almandine　110
almandite　110
amandinus　46, 113
amethyst　47
amethystus　47, 48, 114
amianthus　47, 113
ammonite　81
androdamas　116
andromanta　115
apsictos　107
apsyktos　107
aquamarine　123
aquaticus　198
aquileus　82
arsenicum　69, 178, 258
arsenicum album　182
arsenikon　180
asbestos　37
asbestus　113
auripigment　179
auripigmentum　178, 258
azure　267

balagius　117, 118
balas　118
banded chalcedony　43
batrachites　121
beryl　49
beryllos　49
beryllus　49, 122
bloodstone　54
Blutstein　172
bolus armenus　242
bolus rubra　242
borax　119, 121
borax（硼砂）　221
burning glass　53

calcaphanos　133
calcedonius　59
carbuncle　111
carbunculus　111, 127, 202
carchedonia　59, 131
cat’s eye(s)　64, 198
cegolites　141, 189
celidonius　137
celontes　51, 139
ceraunius　134
ceraurum　134
chalazia　78, 79
chalcedon　132
chalcedonius　58, 59, 131
chalcedony　28, 43, 131
chelidonius　60
chelonites　32, 50
chryselectrum　154
chryselectrus　154
chrysobery　154
chrysolampis　157
chrysolite　68, 262
chrysolithus　67, 68, 144
chrysolitus　144, 149, 153
chrysopagion　156, 157
chrysopassus　143, 144
chrysopras　145
chrysoprase　145
chrysoprasus　144
cinnabar　265
citrine quartz　154
coral　52
corallus　51, 52, 141
corneleus　142, 143
corneola　143
corneolus　143
corundum　60

crapaudine 121
crapodina 119, 121
crisolimpbis 157
crisopasion 157
crisoprasus 144
crystallus 53, 150

diacodos 160
diamant 42, 104, 106, 158
diamante 42
diamas 40-42
diamon 158
diamond 39, 42
dolomite 36
donatides 71
draconites 81, 163
dyonysia 162

echites 166, 234
electorius 44
electrum 259
eliciam 258
eliotropia 55, 168
ematites 171
emerald 75
emery 60
enhydros 174
enhygros 174
enidros 174
enydros 174
epistrites 58, 173
etindros 174
euage 269
evax 269
ewus 269
exacolitus 175, 176
exacontalitus 176
exhebenus 175
ēlectron 154, 155, 259

falcones 178
filacterium 183
fire opal 231

gaeanis 234
gagates 62, 79, 80, 184
gagatēs 67
gagatronica 62, 186
galaricides 188
garnet 111, 191
gecolitus 189
gelosia 187
gemma babylonica 54
gerachidem 69, 189
gerachirea 190
gerachitem 190
gerachites 69, 190
geraticen 190
grammata 203
granatum 111
granatus 190

Hämatit 172
haematites 171
heliotrope 54
heliotropium 54, 55
hephaestites 56, 58, 83
hephaistites 34
hexecontalithus 176
hiena 197
hieracites 190
hieracitis 69
hierax 190
hyacinthus 85, 198
hyaenia 63
hyena 197
ignites 269
imperial topaz 262
iris 77, 200
iscustos 66, 202, 203
jacinth 85, 198
jaspis 203
jayet 80
jet 80
judaicus lapis 202

kabrates 66, 67
kacabre 205
kacaman 206
kakabre 80
kimolia 243
korallion 52

lambra 259
lapis lazuli 74, 246
lapis obtalmicus 26
lazurite 75
lemnia ge 243
lignites 269
ligurius 155, 185, 208

liparea 72
lippares 210
lithos samios 243
loadstone 25
lychnites 269

magnes 25, 185, 211
magnesia 214
magnesite 215
magnēsia lithos 215
malachite 219
manganite 215
marchasita 215
margarita 216
marmor 223
medius 34, 218
melochites 219
memphites 36, 219
molocihtis 219
moonstone 254

natron 221
natrón 221
natrum 193
naṭrūn 221
nicomar 70, 222, 223
nitre 220
nitron 221
nitrum 220, 221
nose 224
noset 224
noshe 224
nusae 223, 224

obtalmicus 26
ochra 243
ochre 265
olivine 30
onycha 207, 226
onychinus 226
onychulus 226
onyx 27, 223, 224, 227, 251
opalios 228
opallios 26, 27, 228
opalus 26, 228
ophthalmicus 26
ophthalmus 26, 27, 177, 227, 228
optallius 228
oristes 230
orites 86
orphanus 231
orpiment 179

paeanis 234
palatius 117
panchrus 233
pantherus 177, 233
peranites 234
peridonius 28, 29, 235
peridot 29, 235, 262
perite 216
perithe 235
phonoite 133
phosphoros 262
pierre d'aimant 106
pirites 266
pnigitis 243
prasius 237
prassius 236, 237
principen apii 73, 74, 266
prophilis 236
pyrite 74, 247
pyrites 30, 34, 74, 75, 235, 266
pyrrhotite 116
pyrrhōtēs 116

quandros 239
quicklime 248
quiritia 70, 71, 240

radaim 71, 241
ramai 242, 265
realgar 179

sagda 249
salsola soda 221
samius 88, 252
sandarachē 180
saphirinus 198
saphirus 245
sapphire 87
sappirus 87
sarcophagus 248
sarda 249
sardinus 250
sardonyx 251
sarmius 252
schistos 64, 66, 203
selenite 78, 254
selenites 31, 32

sideros 87
silenites 253, 254
sineris 59, 60
smaragdus 75, 255
smyris 60
soda 220
specularis 254, 257
succinus 258, 259
suetinus 185, 258, 259
sylenites 254
synolites 254
syrus 260

tecolitus 141
terra samia 88
tiger's eye 198
toadstone 121
topasion 216, 261
topaz 29, 30, 34
topazion 29, 262
topazius 262
topazon 29
topazos 32, 262
topazum 29
topazus 29, 262
turchois 263

upalas 26, 228

varach 264
vernix 265
virites 73, 74, 266

yellow arsenic 179
yerachites 190

zegnites 269
zemech 246, 267
zignites 269
zigrites 268, 269
zingnites 269

項目一覧

（和文）

＊第Ⅰ部 45 項目と第Ⅱ部 96 項目、計 151 項目を邦訳の 50 音順に再掲、掲載頁を示す。
＊「Ⅰ[10]／Ⅱ 02」は第Ⅰ部の[10]と第Ⅱ部の［02］として、それぞれ立項があることを示す。

アエティテス（鷲石） Ⅰ[40] Aetites 82
アカテス（メノウ） Ⅰ[11] Achates 42
アガテス（メノウ） Ⅱ 04 Agathes 107
アスベストス（アスベスト） Ⅰ[09] Asbestos 37
アダマス（ダイアモンドなど…） Ⅰ[10]／Ⅱ 02 Adamas 39, 103
アプシントゥス Ⅱ 03 Absinthus 106
アベストン Ⅱ 01 Abeston 101
アマンディヌス Ⅰ[13]／Ⅱ 07 Amandinus 46, 113
アメテュストゥス（アメジスト、紫水晶） Ⅰ[14]／Ⅱ 08 Amethystus 47, 114
アラマンディナ（アラバンディナ） Ⅱ 05 Alamandina 110
アレクテリウス（雄鶏石） Ⅱ 06 Alecterius 111
アレクトリア（雄鶏石） Ⅰ[12] Alectoria 44
アンドロマンタ Ⅱ 09 Andromanta 115
イアスピス（ジャスパー、碧玉） Ⅱ 51 Jaspis 203
イスクストス Ⅱ 50 Iscustos 202
イリス（虹石） Ⅰ[36]／Ⅱ 49 Iris 77, 200
ウァラク Ⅱ 92 Varach 264
ウィリテス（黄鉄鉱） Ⅰ[33]／Ⅱ 94 Virites 73, 266
ウェルニクス Ⅱ 93 Vernix 265
エキテス（鷲石） Ⅱ 31 Echites 166
エクサコリトゥス Ⅱ 36 Exacolitus 175
エクサコンタリトゥス（六〇色石） Ⅱ 37 Exacontalitus 176
エティンドロス（含水石） Ⅱ 35 Etindros 174
エピストリテス（ヘファイストス石） Ⅱ 34 Epistrites 173
エマティテス（ヘマタイト） Ⅱ 33 Ematites 171
エリオトロピア（血石、血玉髄） Ⅱ 32 Eliotropia 168
オニュカ Ⅱ 67 Onycha 226
オニュクス（縞メノウ） Ⅰ[03]／Ⅱ 66 Onyx 27, 224
オフタルムス（オパール） Ⅰ[02]／Ⅱ 68 Ophthalmus 26, 227
オリステス Ⅱ 69 Oristes 230
オリテス Ⅰ[43] Orites 86
オルファヌス Ⅱ 70 Orphanus 231

ガガテス（黒玉） Ⅰ[38]／Ⅱ 40 Gagates 79, 184
ガガトロニカ Ⅰ[23]／Ⅱ 41 Gagatronica 62, 186
カカブレ Ⅱ 52 Kacabre 205
カカマン Ⅱ 53 Kacaman 206
カブラテス（黒玉） Ⅰ[26] Kabrates 66
カラジア（雹石） Ⅰ[37] Chalazia 78
ガラリキデス（乳石） Ⅱ 43 Galaricides 188
カルカファノス Ⅱ 15 Calcaphanos 133
カルケドニウス（カルセドニー、玉髄） Ⅰ[21]／Ⅱ 14 Chalcedonius 58, 131
カルブンクルス（紅玉） Ⅱ 13 Carbunculus 127
クァンドロス Ⅱ 75 Quandros 239
クィリティア Ⅰ[30]／Ⅱ 76 Quiritia 70, 240
グラナトゥス（ガーネット、ザクロ石） Ⅱ 46 Granatus 190
クリュスタルス（クリスタル、水晶） Ⅰ[18]／Ⅱ 24 Crystallus 53, 150
クリュソパギオン Ⅱ 26 Chrysopagion 156
クリュソパスス（クリュソプラスス、緑玉髄） Ⅱ 22 Chrysopassus 143
クリュソリトゥス（クリソライト、貴橄欖石） Ⅰ[27]／Ⅱ 23 Chrysolithus/-tus 67, 149
クリュソリトゥス（？） Ⅱ 25 Chrysolitus 153
ケゴリテス Ⅱ 19 Cegolites 141
ゲコリトゥス（ケゴリテス） Ⅱ 44 Gecolitus 189
ケラウルム（雷石） Ⅱ 16 Ceraurum 134
ゲラキデム（ゲラキテス、ヒエラキテス、鷹石） Ⅰ[28]／Ⅱ 45 Gerachidem [Gerachites] 69, 189
ケリドニウス（燕石） Ⅰ[22]／Ⅱ 17 Chelidonius/Celidonius 60, 137
ゲロシア（雹石） Ⅱ 42 Gelosia 187
ケロニテス Ⅰ[16] Chelonites 50
ケロンテス Ⅱ 18 Celontes 139
コラルス（サンゴ） Ⅰ[17]／Ⅱ 20 Corallus 51, 141
コルネレウス（カーネリアン、紅玉髄） Ⅱ 21 Corneleus 142

サピルス（サファイア） Ⅰ[44] Sappirus 87
サフィルス（サファイア） Ⅱ 79 Saphirus 245
サミウス Ⅰ[45] Samius 88
サルコファグス Ⅱ 80 Sarcophagus 248
サルダ（サグダ） Ⅱ 81 Sarda [Sagda] 249
サルディヌス（紅玉髄） Ⅱ 82 Sardinus 250

サルドニュクス（紅縞メノウ）II 83 Sardonyx 251
サルミウス（サミウス）II 84 Sarmius [Samius] 252
ジグリテス II 96 Zigrites 268
シュルス II 89 Syrus 260
シレニテス（セレナイト）II 85 Silenites 253
スエティヌス（スッキヌス、コハク）II 88 Suetinus [Succinus] 258
スキストス I [25] Schistos 64
スペクラリス II 87 Specularis 257
スマラグドゥス（エメラルド）I [35]／II 86 Smaragdus 75, 255
ゼメク II 95 Zemech 267
セレニテス（セレナイト）I [05] Selenites 31

ディアコドス II 28 Diacodos 160
ディアモン II 27 Diamon 158
デュオニュシア（ディオニシア）II 29 Dyonysia 162
トゥルコイス（トルコ石）II 91 Turchois 263
トパシオン（トパーズ、黄玉）II 90 Topasion 261
トパゾス（トパーズ、黄玉）I [06] Topazos 32
ドラコニテス（蛇石）I [39]／II 30 Draconites 81, 163

ニコマル（アラバスター、雪花石膏）I [29]／II 64 Nicomar 70, 222
ニトルム II 63 Nitrum 220
ヌサエ II 65 Nusae 223

バラギウス II 10 Balagius 117
パンテルス（豹石）II 71 Pantherus 233
ヒエナ（ハイエナ石）II 47 Hiena 197
ヒュアエニア（ハイエナ石）I [24] Hyaenia 63
ヒュアキントゥス（ヒアシンス石）I [42]／II 48 Hyacinthus 85, 198
ファルコネス（鷹石）II 38 Falcones 178
フィラクテリウム（魔除け石）II 39 Filacterium 183
プラッシウス（緑石英）II 74 Prassius 236
ヘファエスティテス（ヘファイストス石）I [20][41] Hephaestites 56, 83
ペラニテス II 72 Peranites 234
ヘリオトロピウム（血玉髄）I [19] Heliotropium 54
ペリテ（ペリドニウス）II 73 Perithe [Peridonius] 235
ペリドニウス（ペリドット、橄欖石）I [04]／II 73 Peridonius 28, 235
ベリュルス（ベリル、緑柱石）I [15]／II 12 Beryllus 49, 122
ボラクス（ガマ石）II 11 Borax 119

マグネシア II 57 Magnesia 214
マグネス（マグネット、磁石）I [01]／II 56 Magnes 25, 211
マルカシータ II 58 Marchasita 215
マルガリータ（真珠）II 59 Margarita 216
メディウス I [07]／II 60 Medius 34, 218
メロキテス（マラカイト、孔雀石）II 61 Melochites 219
メンフィテス I [08]／II 62 Memphites 36, 219

ラダイム I [31]／II 77 Radaim 71, 241
ラダイム Radaim 241
ラピス・ラズリ（瑠璃）I [34] Lapis Lazuli 74
ラマイ II 78 Ramai 242
リグリウス（大山猫石）II 54 Ligurius 208
リッパレス II 55 Lippares 210
リパレア I [32] Liparea 72

項目一覧

（欧文）

＊第Ⅰ部 45 項目と第Ⅱ部 96 項目、計 151 項目を原語のアルファベット順に再掲、掲載頁を示す。
＊「Ⅰ⑩／Ⅱ 02」は第Ⅰ部の⑩と第Ⅱ部の［02］として、それぞれ立項があることを示す。

Abeston（Ⅱ 01 アベストン） 101
Absinthus（Ⅱ 03 アプシントゥス） 106
Achates（Ⅰ⑪アカテス） 42
Adamas（Ⅰ⑩／Ⅱ 02 アダマス） 39, 103
Aetites（Ⅰ㊵アエティテス） 82
Agathes（Ⅱ 04 アガテス） 107
Alamandina（Ⅱ 05 アラマンディナ） 110
Alecterius（Ⅱ 06 アレクテリウス） 111
Alectoria（Ⅰ⑫アレクトリア） 44
Amandinus（Ⅰ⑬／Ⅱ 07 アマンディヌス） 46, 113
Amethystus（Ⅰ⑭／Ⅱ 08 アメテュストゥス） 47, 114
Andromanta（Ⅱ 09 アンドロマンタ） 115
Asbestos（Ⅰ⓪⑨アスベストス） 37

Balagius（Ⅱ 10 バラギウス） 117
Beryllus（Ⅰ⑮／Ⅱ 12 ベリュルス） 49, 122
Borax（Ⅱ 11 ボラクス） 119

Calcaphanos（Ⅱ 15 カルカファノス） 133
Carbunculus（Ⅱ 13 カルブンクルス） 127
Cegolites（Ⅱ 19 ケゴリテス） 141
Celidonius（Ⅱ 17 ケリドニウス） 137
Celontes（Ⅱ 18 ケロンテス） 139
Ceraurum（Ⅱ 16 ケラウルム） 134
Chalazia（Ⅰ㊲カラジア） 78
Chalcedonius（Ⅰ㉑／Ⅱ 14 カルケドニウス） 58, 131
Chelidonius（Ⅰ㉒ケリドニウス） 60
Chelonites（Ⅰ⑯ケロニテス） 50
Chrysolithus（Ⅰ㉗クリュソリトゥス） 67
Chrysolitus（Ⅱ 23/25 クリュソリトゥス） 149, 153
Chrysopagion（Ⅱ 26 クリュソパギオン） 156
Chrysopassus（Ⅱ 22 クリュソパスス） 143
Corallus（Ⅰ⑰／Ⅱ 20 コラルス） 51, 141
Corneleus（Ⅱ 21 コルネレウス） 142
Crystallus（Ⅰ⑱／Ⅱ 24 クリュスタルス） 53, 150

Diacodos（Ⅱ 28 ディアコドス） 160
Diamon（Ⅱ 27 ディアモン） 158
Draconites（Ⅰ㊴／Ⅱ 30 ドラコニテス） 81, 163
Dyonysia（Ⅱ 29 デュオニュシア） 162

Echites（Ⅱ 31 エキテス） 166
Eliotropia（Ⅱ 32 エリオトロピア） 168
Ematites（Ⅱ 33 エマティテス） 171
Epistrites（Ⅱ 34 エピストリテス） 173
Etindros（Ⅱ 35 エティンドロス） 174
Exacolitus（Ⅱ 36 エクサコリトゥス） 175
Exacontalitus（Ⅱ 37 エクサコンタリトゥス） 176

Falcones（Ⅱ 38 ファルコネス） 178
Filacterium（Ⅱ 39 フィラクテリウム） 183

Gagates（Ⅰ㊳／Ⅱ 40 ガガテス） 79, 184
Gagatronica（Ⅰ㉓／Ⅱ 41 ガガトロニカ） 62, 186
Galaricides（Ⅱ 43 ガラリキデス） 188
Gecolitus（Ⅱ 44 ゲコリトゥス） 189
Gelosia（Ⅱ 42 ゲロシア） 187
Gerachidem（Ⅰ㉘／Ⅱ 45 ゲラキデム） 128, 189
Granatus（Ⅱ 46 グラナトゥス） 190

Heliotropium（Ⅰ⑲ヘリオトロピウム） 54
Hephaestites（Ⅰ⑳㊶ヘファエスティテス） 56, 83
Hiena（Ⅱ 47 ヒエナ） 197
Hyacinthus（Ⅰ㊷／Ⅱ 48 ヒュアキントゥス） 85, 198
Hyaenia（Ⅰ㉔ヒュアエニア） 63

Iris（Ⅰ㊱／Ⅱ 49 イリス） 77, 200
Iscustos（Ⅱ 50 イスクストス） 202

Jaspis（Ⅱ 51 イアスピス） 203

Kabrates（Ⅰ㉖カブラテス） 66
Kacabre（Ⅱ 52 カカブレ） 205
Kacaman（Ⅱ 53 カカマン） 206

Lapis Lazuli（Ⅰ㉞ラピス・ラズリ） 74
Ligurius（Ⅱ 54 リグリウス） 208
Liparea（Ⅰ㉜リパレア） 72
Lippares（Ⅱ 55 リッパレス） 210

Magnes（Ⅰ⓪①／Ⅱ 56 マグネス） 25, 211
Magnesia（Ⅱ 57 マグネシア） 214
Marchasita（Ⅱ 58 マルカシータ） 215
Margarita（Ⅱ 59 マルガリータ） 216
Medius（Ⅰ⓪⑦／Ⅱ 60 メディウス） 34, 218
Melochites（Ⅱ 61 メロキテス） 219

Memphites（Ⅰ08／Ⅱ 62 メンフィテス）36, 219

Nicomar（Ⅰ29／Ⅱ 64 ニコマル） 70, 222
Nitrum（Ⅱ 63 ニトルム） 220
Nusae（Ⅱ 65 ヌサエ） 223

Onycha（Ⅱ 67 オニュカ） 226
Onyx（Ⅰ03／Ⅱ 66 オニュクス） 27, 224
Ophthalmus（Ⅰ03／Ⅱ 68 オフタルムス）26, 227
Oristes（Ⅱ 69 オリステス） 230
Orites（Ⅰ43オリテス） 86
Orphanus（Ⅱ 70 オルファヌス） 231

Pantherus（Ⅱ 71 パンテルス） 233
Peranites（Ⅱ 72 ペラニテス） 234
Peridonius（Ⅰ04ペリドニウス） 28
Perithe（Ⅱ 73 ペリテ） 235
Prassius（Ⅱ 74 プラッシウス） 236

Quandros（Ⅱ 75 クァンドロス） 239
Quiritia（Ⅰ30／Ⅱ 76 クィリティア） 70, 240

Radaim（Ⅰ31／Ⅱ 77 ラダイム） 71, 241
Ramai（Ⅱ 78 ラマイ） 242

Samius（Ⅰ45サミウス） 88
Saphirus（Ⅱ 79 サフィルス） 245
Sappirus（Ⅰ44サピルス） 87
Sarcophagus（Ⅱ 80 サルコファグス） 248
Sarda（Ⅱ 81 サルダ） 249
Sardinus（Ⅱ 82 サルディヌス） 250
Sardonyx（Ⅱ 83 サルドニュクス） 251
Sarmius（Ⅱ 84 サルミウス） 252
Schistos（Ⅰ25スキストス） 64
Selenites（Ⅰ05セレニテス） 31
Silenites（Ⅱ 85 シレニテス） 253
Smaragdus（Ⅰ35／Ⅱ 86 スマラグドゥス）75, 255
Specularis（Ⅱ 87 スペクラリス） 257
Suetinus（Ⅱ 88 スエティヌス） 258
Syrus（Ⅱ 89 シュルス） 260

Topasion（Ⅱ 90 トパシオン） 261
Topazos（Ⅰ06トパゾス） 32
Turchois（Ⅱ 91 トゥルコイス） 263

Varach（Ⅱ 92 ウァラク） 264
Vernix（Ⅱ 93 ウェルニクス） 265
Virites（Ⅰ33／Ⅱ 94 ウィリテス） 73, 266

Zemech（Ⅱ 95 ゼメク） 267
Zigrites（Ⅱ 96 ジグリテス） 268

[著者略歴]
大槻 真一郎（おおつき・しんいちろう）
1926年生まれ。科学史・医学史家。
京都大学大学院博士課程満期退学。
明治薬科大学名誉教授。2016年没。
主要著書に、『人類の知の歴史』（原書房）、『科学用語語源辞典：独−日−英（ラテン語篇・ギリシア語篇）』『記号・図説錬金術事典』（以上、同学社）など。また主要訳書に、『ヒポクラテス全集』（編訳、エンタープライズ社）、ケプラー『宇宙の神秘』（共訳）、パラケルスス『奇蹟の医書』『奇蹟の医の糧』（以上、工作舎）、テオフラストス『植物誌』（共訳）、プリニウス『博物誌（植物篇・植物薬剤篇）』（監訳、以上、八坂書房）などがある。また没後、遺稿を再編して刊行された著書に、『サレルノ養生訓とヒポクラテス』『中世宝石賛歌と錬金術』『ヒルデガルトの宝石論』『アラビアの鉱物書』（以上、コスモス・ライブラリー）がある。

[編者略歴]
澤元 亙（さわもと・わたる）
1965年生まれ。
明治薬科大学・防衛医科大学非常勤講師。
博物誌・医学書の古典翻訳に従事。主要訳書に、ジェームズ／ソープ『事典・古代の発明』（共訳、東洋書林）、ハーネマン『オルガノン』、ケント『ホメオパシー哲学講義』、ハンドリー『晩年のハーネマン』（以上、ホメオパシー出版）、プリニウス『博物誌（植物薬剤篇）』（共訳、八坂書房）などがある。

西欧中世宝石誌の世界
——アルベルトゥス・マグヌス『鉱物書』を読む

2018年8月24日　初版第1刷発行

著　者　大槻真一郎
発行者　八坂立人
印刷・製本　モリモト印刷（株）

発行所　（株）八坂書房
〒101-0064 東京都千代田区神田猿楽町1-4-11
TEL.03-3293-7975　FAX.03-3293-7977
URL.：http://www.yasakashobo.co.jp

ISBN 978-4-89694-252-1

関連書籍のごあんない

プリニウス博物誌《植物篇》《植物薬剤篇》

大槻真一郎［責任編集］　各7800円

博物学史上不変の世界的名著より、植物に関する部分をラテン語原典より翻訳。植物誌、言語、文化、歴史、民俗各方面におよぶ豊富な訳注を付す。《植物篇》では約600種、《植物薬剤篇》では約1200種もの植物を記載する。

図説　西洋護符大全

L　クリス＝レッテンベック／L　ハンスマン著／津山拓也訳
6800円

西洋古来の護符＝お守り850点を詳細な解説つきで紹介。鉱石、植物、動物由来の品から、魔術で用いられる呪符の類、さらには人びとのしぐさまで、不思議なパワーが宿ると信じられ、もてはやされてきた品々と、その文化的背景を詳説した名著。

ジュエリーの歴史　—ヨーロッパの宝飾770年

渡邊昌美著　2800円

中世・ルネサンスからジョージアン・ヴィクトリアンまで。ミュージアムや個人コレクションの宝飾品とデザイン画、ジュエリーを纏った各時代の肖像画など、華麗な図版300点と共に、膨大な資料をもとに綴るヨーロピアン・ジュエリーの本格的通史。

図説　神聖ローマ帝国の宝冠

渡辺　鴻著　5800円

千年の歴史を誇る「神聖ローマ帝国冠」を、成立にまつわる謎から宝石や図像の配置に秘められた意味まで、あらゆる角度から解説。帝国ゆかりの他の宝冠についても詳述した、ヨーロッパの歴史的王冠の豪華絢爛たるアンソロジー。

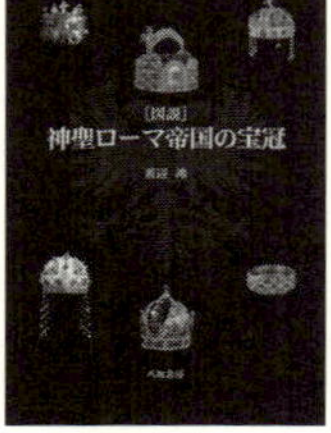

表示価格は税別価格です